物理入門コース[新装版] | 相対性理論

物理入門コース［新装版］
An Introductory Course of Physics

RELATIVITY
相対性理論

中野董夫 著 ｜岩波書店

物理入門コースについて

　理工系の学生諸君にとって物理学は欠くことのできない基礎科目の 1 つである．諸君が理学系あるいは工学系のどんな専門へ将来進むにしても，その基礎は必ず物理学と深くかかわりあっているからである．専門の学習が忙しくなってからこのことに気づき，改めて物理学を自習しようと思っても，満足のゆく理解はなかなかえられないものである．やはり大学 1〜2 年のうちに物理学の基本をしっかり身につけておく必要がある．

　その場合，第一に大切なのは，諸君の積極的な学習意欲である．しかしまた，物理学の基本とは何であるか，それをどんな方法で習得すればよいかを諸君に教えてくれる良いガイドが必要なことも明らかである．この「物理入門コース」は，まさにそのようなガイドの役を果すべく企画・編集されたものであって，在来のテキストとはそうとう異なる編集方針がとられている．

　物理学に関する重要な学科目のなかで，力学と電磁気学はすべての土台になるものであるため，多くの大学で早い時期に履修されている．しかし，たとえば流体力学は選択的に学ばれることが多いであろうし，学生諸君が自主的に学ぶのもよいと思われる．また，量子力学や相対性理論も大学 2 年程度の学力で読むことができるしっかりした参考書が望まれている．

　編者はこのような観点から物理学の基本的な科目をえらんで，「物理入門コ

ース」を編纂した．このコースは『力学』，『解析力学』，『電磁気学 I, II』，『量子力学 I, II』，『熱・統計力学』，『弾性体と流体』，『相対性理論』および『物理のための数学』の 8 科目全 10 巻で構成されている．このすべてが大学の 1, 2 年の教科目に入っているわけではないが，各科目はそれぞれ独立に勉強でき，大学 1 年あるいは 2 年程度の学力で読めるようにかかれている．

　物理学のテキストには多数の公式や事実がならんでいることが多く，学生諸君は期末試験の直前にそれを丸暗記しようとするのが普通ではないだろうか．しかし，これでは物理学の基本を身につけるどころか，むしろ物理嫌いになるのが当然というべきである．このシリーズの読者にとっていちばん大切なことは，公式や事実の暗記ではなくて，ものごとの本筋をとらえる能力の習得であると私たちは考えているのである．

　物理学は，ものごとのもとには少数の基本的な事実があり，それらが従う少数の基本的な法則があるにちがいないと考えて，これを求めてきた．こうして明らかにされた基本的な事実や法則は，ぜひとも諸君に理解してもらう必要がある．このような基礎的な理解のうえに立って，ものごとの本筋を諸君みずからの努力でたぐってゆくのが「物理的に考える」という言葉の意味である．

　物理学にかぎらず科学のどの分野も，ものごとの本筋を求めているにちがいないけれども，物理学は比較的に早くから発展し，基礎的な部分が煮つめられてきたので，1 つのモデル・ケースと見なすことができる．したがって，「物理的に考える」能力を習得することは，将来物理学を専攻しようとする諸君にとってばかりでなく，他の分野へ進む諸君にとっても大きなプラスになるわけである．

　物理学の基礎的な概念には，時間，空間，力，圧力，熱，温度，光などのように，日常生活で何気なく使っているものが少なくない．日常わかったつもりで使っているこれらの概念にも，物理学は改めてややこしい定義をあたえ基本的な法則との関係をつける．このわずらわしさが，学生諸君を物理嫌いにするもう 1 つの原因であろう．しかし，基本的な事実と法則にもとづいてものごとの本筋をとらえようとするなら，たとえ日常的・感覚的にはわかりきったこと

であっても，いちいちその実験的根拠を明らかにし，基本法則との関係を問い直すことが必要である．まして私たちの日常体験を超えた世界——たとえば原子内部——を扱う場合には，常識や直観と一見矛盾するような新しい概念さえ必要になる．物理学は実験と観測によって私たちの経験的世界をたえず拡大してゆくから，これにあわせてむしろ常識や直観の方を改変することが必要なのである．

　このように，ものごとを「物理的に考える」ことは，けっして安易な作業ではないが，しかし，正しい方法をもってすれば習得が可能なのである．本コースの執筆者の先生方には，とり上げる素材をできるだけしぼり，とり上げた内容はできるだけ入りやすく，わかりやすく叙述するようにお願いした．読者諸君は著者と一緒になってものごとの本筋を追っていただきたい．そのことを通じておのずから「物理的に考える」能力を習得できるはずである．各巻は比較的に小冊子であるが，他の本を参照することなく読めるように書かれていて，

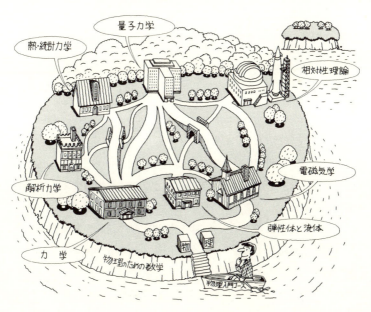

viii　　　　　　　　物理入門コースについて

決して単なる物理学のダイジェストではない．ぜひ熟読してほしい．

すでに述べたように，各科目は一応独立に読めるように配慮してあるから，必要に応じてどれから読んでもよい．しかし，一応の道しるべとして，相互関係をイラストの形で示しておく．

絵の手前から奥へ進む太い道は，一応オーソドックスとおもわれる進路を示している．細い道は関連する巻として併読するとよいことを意味する．たとえば，『弾性体と流体』は弾性体力学と流体力学を現代風にまとめた巻であるが，『電磁気学』における場の概念と関連があり，場の古典論として『相対性理論』と対比してみるとよいし，同じ巻の波動を論じた部分は『量子力学』の理解にも役立つ．また，どの巻も数学にふりまわされて物理を見失うことがないように配慮しているが，『物理のための数学』の併読は極めて有益である．

この「物理入門コース」をまとめるにあたって，編者は全巻の原稿を読み，執筆者に種々注文をつけて再三改稿をお願いしたこともある．また，執筆者相互の意見，岩波書店編集部から絶えず示された見解も活用させていただいた．今後は読者諸君の意見もききながらなおいっそう改良を加えていきたい．

1982 年 8 月

編者　戸 田 盛 和

中 嶋 貞 雄

「物理入門コース／演習」シリーズについて

このコースをさらによく理解していただくために，姉妹篇として「演習」シリーズを編集した．

1. 例解　力学演習
2. 例解　電磁気学演習
3. 例解　量子力学演習
4. 例解　熱・統計力学演習
5. 例解　物理数学演習

各巻ともこのコースの内容に沿って書かれており，わかりやすく，使いやすい演習書である．この演習シリーズによって，豊かな実力をつけられることを期待する．（1991 年 3 月）

はじめに

　相対性理論は，量子力学とともに，20世紀になって誕生した物理学である．したがって，それ以前の物理学の基礎をなしている力学と電磁気学を考察の出発点としている．しかし，この「物理入門コース」は大学1～2年のうちに物理学の基本を身につけるためのガイドの役を果たすことをめざしている．そこで，できるだけ他書を参照しないでも理解できるような記述をするように努めた．

　相対性理論の発見によって，空間と時間の概念に変革がもたらされたわけであるが，それまで空間と時間はどのように考えられていたのだろうか．本書ではまずこのことを概観する．ニュートン力学に関しても，相対性理論の足がかりになるような，基本的事項について述べてある．ついで，光の性質がいかに解明されてきたか，その歴史について簡単に述べる．光の古典的理論はマクスウェルの電磁場の理論で完成されたといえる．

　相対性理論の源泉はマクスウェルの電磁場の理論であるが，これを理解するのには，物理学と数学のやや高度の知識を必要とするので，電磁気学はあとのほうの第8章に置いた．マクスウェルの電磁場の理論によれば，真空中の光の速度は定数になる．運動学と力学について相対性理論の議論を進めるためには，真空中の光速が一定であることを仮定すればよい．このようにして第7章の相対論的力学までは，物理学と数学の比較的初等的知識のみで読み進めるように

はじめに

書いた.

特殊相対性理論は「特殊相対性」と「光速不変」の2つの簡単な原理から，いろいろな驚くべき結論を導き出して見せてくれる．読者はその論理の美しさを楽しんでいただきたい．第8章は，1873年に完成されたマクスウェルの方程式が，アインシュタインの相対性原理を満たしていることを示している．この章を読むためには，電磁気学の基礎知識をもっていることが望ましいが，マクスウェルの方程式の数学的性質が理解できれば十分であると考える．

紙面の都合上，一般相対性理論についてはくわしく述べることができなかったので，第9章にその概要を記すにとどめた．しかし，理工系の初学者に必要と思われる基礎概念は十分に書いてあるから，本書を読みこなせば，相対性理論の基礎は習得できたと思っていただいてよい．

本書を執筆するにあたって，著者がもっとも苦心したのは，相対性理論を初学者にとってわかりやすく書くことであったが，この点について，このコースの編者のお一人である戸田盛和先生に全面的にご協力をいただいた．心から感謝を申し上げる．にもかかわらず難解な点がまだ残っているとすれば，それは著者の未熟なためであるので，お許し願いたい．また，原稿全体に目を通して，多くの貴重な助言をしていただいた，大阪市立大学理学部の河合俊治，内藤清一両博士にお礼を申し上げる．著者の筆が遅いために，長期間にわたっておつきあいを願った岩波書店編集部のみなさん，ことに片山宏海氏に一方ならぬお世話になったことを述べて感謝申し上げる．

1984年7月

中 野 董 夫

目次

物理入門コースについて

はじめに

1 空間と時間 · · · · · · · · · · · · 1

1-1 古代天文学 · · · · · · · · · · · 2

1-2 物理的空間 · · · · · · · · · · · 6

1-3 数学的空間 · · · · · · · · · · · 9

1-4 時間の概念 · · · · · · · · · · · 13

　　 第1章問題(15)

2 ニュートン力学 · · · · · · · · · · 17

2-1 運動の法則 · · · · · · · · · · · 18

2-2 慣性系 · · · · · · · · · · · · · 20

2-3 運動方程式の対称性 · · · · · · · 24

2-4 ニュートン力学の相対性 · · · · · · 27

　　 第2章問題(30)

3 電磁波とエーテル · · · · · · · · 31

3-1 光とは何か · · · · · · · · · · · 32

3–2	光の伝播・・・・・・・・・・・・・・・・・・	35
3–3	マイケルソン–モーレーの実験 ・・・・・・	40
3–4	ローレンツ–フィッツジェラルドの収縮仮説 ・	45

　　　　第 3 章問題(47)

4　特殊相対性原理 ・・・・・・・・　49

4–1	特殊相対性原理・・・・・・・・・・・・・・	50
4–2	離れた場所にある時計の同期化・・・・・・	53
4–3	時間と長さの相対性・・・・・・・・・・・	56

5　ローレンツ変換 ・・・・・・・　63

5–1	ローレンツ変換・・・・・・・・・・・・・	64
5–2	世界距離・・・・・・・・・・・・・・・・	70
5–3	運動している時計の遅れ・・・・・・・・・	75
5–4	運動している物体の収縮・・・・・・・・・	78
5–5	速度の変換・・・・・・・・・・・・・・・	83
5–6	ドップラー効果・・・・・・・・・・・・・	87
5–7	双子のパラドクス・・・・・・・・・・・・	93

　　　　第 5 章問題(96)

6　ローレンツ変換の 4 次元的定式化 ・・・・　97

6–1	2 次元時空 ・・・・・・・・・・・・・・	98
6–2	時空ベクトル・・・・・・・・・・・・・・	105
6–3	ローレンツ変換・・・・・・・・・・・・・	112
6–4	4 元ベクトル ・・・・・・・・・・・・・	116
6–5	テンソル・・・・・・・・・・・・・・・・	119

　　　　第 6 章問題(122)

7　相対論的力学 ・・・・・・・・・・　125

7–1	相対論的運動方程式・・・・・・・・・・・	126
7–2	物体の運動量とエネルギー・・・・・・・・	131

目　　次　　　　　xiii

7-3　粒子の崩壊・・・・・・・・・・・137

7-4　原子核の結合エネルギー・・・・・・141

7-5　粒子の衝突・・・・・・・・・・・144

第 7 章問題(146)

8　電磁気学・・・・・・・・・・・**149**

8-1　マクスウェルの方程式・・・・・・・150

8-2　真空中の電磁波・・・・・・・・・151

8-3　電磁場のポテンシャル・・・・・・・156

8-4　マクスウェル方程式の 4 次元的定式化・・・160

8-5　電磁場の 1 次元ローレンツ変換・・・・・166

8-6　電磁場中の荷電粒子の運動・・・・・・・170

第 8 章問題(175)

9　一般相対性理論の概要・・・・・・・**177**

9-1　等価原理と一般相対性原理・・・・・・178

9-2　一般相対性理論における線素・・・・・・182

9-3　固有時と座標時・・・・・・・・・186

9-4　重力場の中の物体の運動方程式・・・・・190

9-5　重力場の方程式・・・・・・・・・193

9-6　球対称な静的重力場・・・・・・・・197

9-7　一般相対性理論の検証・・・・・・・201

第 9 章問題(206)

さらに勉強するために・・・・・・・・207

問題略解・・・・・・・・・・・・209

索引・・・・・・・・・・・・・・217

コーヒー・ブレイク

アインシュタイン　*16*

ローレンツ　*48*

運動している光源　*52*

ミンコフスキーの世界の図における長さの単位　*82*

物質中の光速　*92*

日本を訪れたアインシュタイン　*123*

負のエネルギー　*136*

特殊相対性理論の応用　*147*

光のエネルギーと運動量　*155*

シュヴァルツシルト　*200*

1

空間と時間

空間とは何か．時間とは何か．これらは日常経験から何となく理解しているつもりでいるが，あらためて問われると単なる常識だけでは答えにくいことに気がつく．古代文明の夜明けから現在までどのようにこれらの概念に対する考え方が変化してきたかを，この章で概観することにしよう．

1-1　古代天文学

　現代に生きるわれわれは，子供のころから与えられるさまざまな情報のおか
げで，科学の成果をある程度抵抗もなく受け入れている．地球が約1年間かか
って太陽のまわりをまわっていると主張する地動説は，いまや常識である．宇
宙船で大気の外へ出れば，そこはほぼ完全な真空であることも知っている．日
常生活における正確な時刻はテレビやラジオの時報で知らされる．年単位の季
節のうつりかわりはカレンダーによって知ることができる．ところで，現代の
ような情報のなかった古代の人びとは，空間や時間についてどのように考えて
いたのだろうか．

　古代文明は世界の数カ所で発生しているが，現代科学へのつながりをもつ，
メソポタミアの人びとの宇宙観からみてみよう．チグリス川とユーフラテス川
流域の平地バビロニアには，紀元前3000年ころに文明が発生したといわれて
いる．彼らの宇宙像は円盤状の大地の周囲を海の堀がとりまいており，その上
にお椀をふせたような空がかぶさってまわっているというようなものであった
ようだ．

　夜空の星の大部分は，互いの位置が定まっていて，毎夜同じ配置であらわれ
る．メソポタミアの人びとは，それらの星の配置に図形をあてはめ，動物の名
前などをつけていた．それらの名前が，ギリシア時代から現代に変化しながら
伝わり，今の星座名のもととなった．これらの星座を形成している恒星の間を，
動きまわる7つの天体がある．それらは神の意志を示す重要な役割をもってい
ると考えられた．7つの天体とは，太陽，月，水星，金星，火星，木星および
土星である．これら7個の天体の動きの意味を知るために占星術が生まれ，占
星術師が重用された．このような天体の観測から，天上の出来事に関する知識
が増加してきた．とくに恒星の間を太陽が通る黄道の近傍の獣帯(zodiac)とよ
ばれるところにある，12の星座がよく知られていた．

　天空上の太陽の位置は昼間の時刻を知るのに重要であった．また星座の位置

は夜間の時刻を知るのに有用であった．年単位の季節のうつりかわりは，獣帯の12の星座のどの位置に太陽がいるかを知ればわかった．太陽の位置を星座で指定するのは不正確なので，黄道を30°ずつ12等分して十二宮を定めたのもバビロニア人であるとされている．黄道と天の赤道との交点を太陽が通過するときが春分と秋分である．春分点が十二宮の出発点である．春分点が長い年月の間に天空を移動することも彼らは知っていたようである．

　春分点の移動を明確に示したのは，紀元前2世紀のギリシアの天文学者ヒッパルコス(Hipparchos)である．ヒッパルコスは，春分点が1年間に45″か46″ずつ黄道上を西へ移動するとのべた．これは現在認められている値50″29に近い値である．

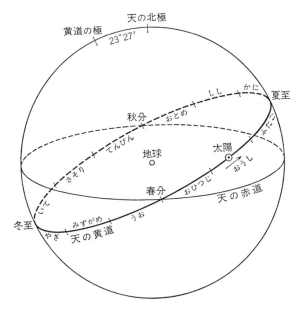

図1-1　天球上の太陽の動き．

　春分点は，ヒッパルコスの時代にはおひつじ座にあった．それから2000年以上たった今では，西へ約30°移動してうお座にある．現在の獣帯は天球の黄道の両側に約8°ずつの幅をもって描かれた帯で，黄道十二宮ともいう．春分

点から出発して東へ黄道にそって30°ずつに等分にくぎり，黄道上の星座にちなんで，おひつじ，おうし，ふたご，かに，しし，おとめ，てんびん，さそり，いて，やぎ，みずがめ，うおの12の名前がついている．

春分点が天空上を移動する原因は，今日では，地球の歳差運動，すなわち地球の自転軸の味噌すり運動のためであることがわかっている（図1-2）．この運動はこまの首振り運動と似たものである．このために天の北極は黄道の極の周りを約25800年の周期で回ることになる．

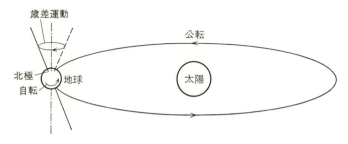

図1-2 地球の歳差運動．

ギリシアでは天文学に限らず，いろいろな自然現象についての考察が進められた．そして，近代の科学に関係の深いギリシアの自然哲学が生まれた．ギリシア哲学の父とよばれているタレス（Thales）は，紀元前600年ころにはすでに地球が丸いことを知っており，紀元前585年5月28日の日食を予言していた．また万物は水から生成されたと説き，全宇宙を統一的にとらえようとした．このような宇宙を統一的にとらえる試みの1つとして，紀元前5世紀から4世紀にかけての哲学者デモクリトス（Demokritos）の原子論がある．デモクリトスは，この宇宙に存在するものはすべて，分割不可能な原子と，空虚な空間からできあがっていると主張した．宇宙の中心部の原子の集団から地球が生まれ，外側の原子の集団からは天，空気，火が生まれたとされた．

紀元前3世紀のアリスタルコス（Aristarchos）は太陽の周りの地球の年周運動と，地球の自転について唱えていたといわれている．しかし当時の人びとには受け入れられなかった．同じ世紀のエラトステネス（Eratosthenes）はアレキサンドリアとシェーネの間の角距離θを測定した（図1-3）．その角度と2地点

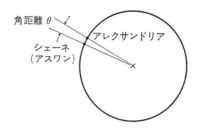

図1-3 角距離.

間の距離から，かなりよい精度で地球の周囲の長さを求めた．

　主流となったギリシアの哲学者たちの考えた宇宙は，地球を囲む中空の球面で，その内面に星をちりばめたものであった．この球面が毎日西向きに回転して，星の出，星の入りをひきおこしていた．このような天体の回転の考え方は16世紀のコペルニクス(Nicolaus Copernicus)の時代までつづいたのである．この宇宙模型によると，相対位置が定まっている星々，すなわち恒星の間を動く太陽と月，および5個の惑星の個別の運動を説明する必要がある．これらの天体は星のちりばめられている天球と地球との間を動いていると考えられた．地球からの距離は，それらが天球上を東へ回転する周期によって定められた．その順番は図1-4のようになっていた．

　これらの天体の，天球上の東向きの運動は一様ではない．惑星は，大勢とし

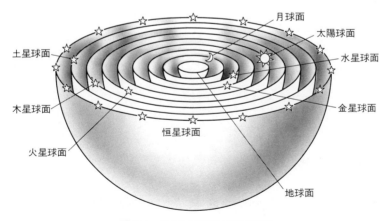

図1-4　ギリシア時代の球面宇宙.

ては東向きの運動をするが,ときどき向きをかえ,一時的に西向きの運動をすることもある.これらの複雑な動きを表わすためにいろいろな工夫がこらされた.はじめに同心天球説によって数学的な運動論をとなえたのはエウドクソス(Eudoxos)である.この模型は地球を中心とした同心球面(図1-4)の運動を組みあわせたものであった.アリストテレス(Aristoteles)はこの説を受け入れ,55の同心球面を使った.同心球面の組み合わせでは惑星の明るさの変化を説明できず,そのほかにも具合の悪い点がでてきた.

　天動説で精度のよい予言ができるようになったのは,アレクサンドリアで2世紀後半に活躍したプトレマイオス(Ptolemaios Claudios)の業績であった.プトレマイオスは天文学の教科書『天文学大全』を著した.この本をもとにしてできた教科書は,ガリレイ(Galileo Galilei)の時代まで,最も権威ある教科書とされていた.プトレマイオスの惑星運動論は天動説の1つで,地球は全世界の中心に静止し,天球が地球のまわりを回っているとしている.そして惑星は周転円(epicycle)とよばれる小円上を運動し,周転円の中心は地球を中心とした大円上を東へ向かって運動しているというのである(図1-5).この理論により当時の観測の精度で惑星の運動を完全に理解することができた.

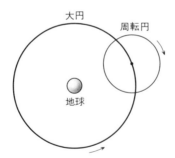

図1-5　周転円.

1-2　物理的空間

　前節で述べたように,古代の宇宙は球面であったから当然有限である.近代科学が成立するまでの約2000年間にわたりヨーロッパの人びとの自然観を支

1-2 物理的空間　　　　7

配した，アリストテレスの考え方を見てみよう．アリストテレスよりも前に，デモクリトスは原子論をとなえ，空虚な空間の中を運動する原子を考えた．空虚な空間というのは現代的にいえば真空の空間という意味であろう．これに対しアリストテレスは，空虚な空間の存在を否定し，その理由としていくつかの証拠をあげている．その1つは，空虚の中では方向を定めることができないから，自然な運動である上下運動ができなくなるということである．アリストテレスによれば，空間は宇宙の中心，すなわち地球の中心のまわりに層をなしている．物体はそれぞれ固有の場所をもっている．

図1-4の月から上の層は天界であり，そこにおける自然な運動は同心球面上の円運動である．月より下の層における自然な運動は上下方向の直線運動である．重い物体は地下に固有の場所をもっている．したがって支えを取り去ると自分の固有の場所への自然な運動である落下をはじめる．また炎の固有の場所は天界にあるので，上昇運動をする．このような自然な運動の方向を定められない真空を，アリストテレスは否定したのである．また空気は上下運動をしないから重さはないと考えられた．

アリストテレスの同心球面宇宙は2世紀になってプトレマイオスの宇宙論にとってかわられたが，やはり地球中心の宇宙であった．プトレマイオスの宇宙論は，16世紀になってコペルニクスが地動説を唱えるまで，ヨーロッパでは支配的であった．

アクィナス(Thomas Aquinas)によって13世紀に大成されたスコラ哲学ではアリストテレスの同心球面宇宙論を採用した．精度のよいプトレマイオスの宇宙論はスコラ哲学の宇宙像とは相いれない．コペルニクスはこの矛盾を解決するために地動説を考えた．コペルニクスの地動説は，太陽を中心として，水星，金星，地球，火星，木星，土星の順に円運動をしているというものであった．このように考えると惑星の運行は無理なく説明されることがわかった．天球上で惑星が主として東へ進みながらときどき西へ逆もどりするのは，プトレマイオスの説のように周転円運動によるのではなく，地球が動いているからおこる．天体の日周運動は地球の自転のためにおこり，年周運動は太陽のまわり

の地球の公転のための見かけの運動であることになる.

コペルニクスは,宇宙は有限であると考えていた.しかし地球の運動による恒星の視差,すなわち星の方向の年間の変化が,当時の観測の精度では見出されなかった.このことを説明するために,コペルニクスは,恒星は従来考えられていたよりは遠方にあると主張することになった.このようにコペルニクスの考えでは,宇宙は有限で,太陽が宇宙の中心であり,地球と他の惑星とが同格にあつかわれた.このことは天と地が同格化されたことであり,たいへん重要な空間概念の変更である.コペルニクスの考え方がさらにケプラー(Johannes Kepler)によって発展され,今日の,無限に広がった等質で等方な宇宙空間の考えへの道が開かれてきたのである.

ケプラーは,16世紀に行なわれたティコ・ブラーエ(Tycho Brahe)の20年にわたる観測データを用いた.そしてコペルニクス説に従って計算すると火星の軌道が観測値と角度で8″ずれることを発見し,このことからついに火星の軌道が楕円軌道であることを見出した.それまでは天体は'完全な図形'である円軌道を描くと考えられていたのである.ケプラーは楕円軌道を考えることによりこの固定観念を打ち破ることに成功した.

太陽系の構造が明らかになるにつれて,宇宙の大きさもひろがっていった.17世紀のデカルト(René Descartes)は,空間は無限に一様にひろがり,上下のような特別な方向はもたないと主張した.すなわち空間は無限にひろがる等質かつ等方なものであると考えた.しかし彼の空間は物質でみたされていて,空虚な空間は考えられなかった.

同時代のガッサンディ(Pierre Gassendi)は,ギリシアのデモクリトスがとなえたものと本質的に同様な原子論を復活させた.原子が運動する空間は空虚であった.すなわち,ガッサンディは真空をみとめたのである.そのため真空を認めないデカルトと対立することになった.

真空の存在が実験的に確かめられたのはトリチェリ(Evangelista Torricelli)によって1643年に行なわれた実験による.一端を閉じた長さ約1mのガラス管に水銀を満たし,開いた端を水銀の入った容器中に入れてさかさまに立てる.

すると管内の水銀は上方に真空部分を残して，容器中の水銀の表面から約 76 cm の高さで止まり，図 1-6 のようになる．この実験により，管内の水銀の重さを支えている，容器内の水銀面に働いている大気の圧力の存在もわかった．管内上方の空間は，きわめて小さい蒸気圧の水銀蒸気のほかは何も存在しないから，ほとんど真空と見なされる．この空間をトリチェリの真空という．

図 1-6　トリチェリの真空．

トリチェリの実験によって真空の存在が示されたが，真空は空虚であるという結論は必ずしも成り立たなかったのである．フック (Robert Hooke) は光が波動であることを認め，その波動を伝える媒質が必要であると考えて，この媒質をエーテル (ether) とよんだ．ホイヘンス (Christiaan Huygens) は，光の媒質であるエーテルが，非常に硬い弾性に富んだ微粒子から出来ていると考えた．

以上のようにして導入されたエーテルは，その後も存在を信じられ，これを実証するためにさまざまな実験が真剣に試みられた．しかし，第 3 章で述べるようにこれらの試みはすべて失敗した．そして 20 世紀に入ってアインシュタイン (Albert Einstein) によってエーテルの存在は否定されるにいたったのである．

1-3　数学的空間

紀元前 300 年頃のギリシアの数学者エウクレイデス (Eucleides) の著書『幾何原本』($\Sigma\tau o\iota\chi\varepsilon\tilde{\iota}\alpha$) の内容は，今日の数学の一部に含まれていると考えられる．その内容の一部は現在，中学校でも学んでいるユークリッド幾何学である．ユークリッド幾何学で定義される空間がユークリッド空間である．ユークリッド空間のような数学的空間は，公理系によって確定する．この点が物理的空間とまったく異なる点である．物理的空間の性質は観測や実験によって確かめられるが，その認識は実験や理論の進歩とともに変化し得るものである．

数学的空間は公理系によって確定すると上に述べたが，ユークリッド幾何学以外の幾何学が見出されたのは19世紀になってからである．これらの幾何学を非ユークリッド幾何学という．また非ユークリッド幾何学が成り立つ空間を非ユークリッド空間という．非ユークリッド幾何学は，ユークリッド幾何学における，いわゆる平行線公理を否定することによって生まれた．

『幾何原本』にのっている公理のうち，第5公準と呼ばれているのがいわゆる平行線公理である．すなわち，「2直線が第3の直線と交わり，その一方の側にできる2つの角（いわゆる同傍内角，図1-7の α, β) の和が2直角よりも小さいときは，それらの2直線はその側において交わる」ことを要請している．この公理は，

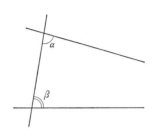

図1-7　平行線公理．

3角形の内角の和が2直角であることやピタゴラスの定理の証明に本質的役割をはたしている．またピタゴラスの定理により，ユークリッド空間では，2点 $A(x_1, y_1, z_1)$，$B(x_2, y_2, z_2)$ 間の距離は

$$d(A, B) = \sqrt{(x_1-x_2)^2+(y_1-y_2)^2+(z_1-z_2)^2}$$

と定義される．

ここで非ユークリッド幾何学の解説はできないが，球面上の幾何学の簡単な例を考えてみよう．球面上の2点間の最短距離は2点を通る大円の弧の長さで与えられる．大円の弧は，地球上の距離を測定するときに使われるので測地線とよばれる．平面上の簡単な図形と，対応する球面上の図形を比較してみることにする．

図1-8のように半径 r の球面 S と平面 P が交差している図形を考えよう．球面 S 上に緯度と経度を考え，平面 P は赤道に平行におかれているとする．切断面は円となる．円の半径が球の中心に対して張る角度を θ とする．このとき円周の長さは $2\pi r \sin\theta$ となる．平面 P 上で測った円の半径 $\overline{OA}$ は $r\sin\theta$，平面 P 上の円周率は $2\pi r \sin\theta/2r\sin\theta = \pi$ で，よく知られているとおり π である．ところが球面 S 上では，半径の長さは北極 N から円上の1点 A までの測

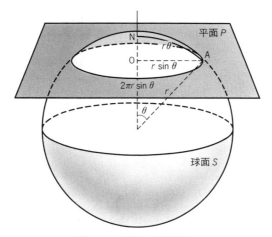

図 1-8 球面上の円周率.

地線の長さで $\widehat{NA} = r\theta$ である. したがって球面上の円周率は

$$\frac{\text{円周の長さ}}{\text{球面上の直径}} = \frac{2\pi r \sin\theta}{2r\theta} = \frac{\pi \sin\theta}{\theta}$$

で与えられる. 一般に

$$\theta > 0 \quad \text{のとき} \quad \theta > \sin\theta$$

であるから, 球面上の円周率は平面上の円周率より小さい. すなわち

$$\frac{\pi \sin\theta}{\theta} < \pi$$

θ が小さいときには $\sin\theta \cong \theta$ となるので平面の円周率とほとんど等しくなる.

つぎに3角形を考える. まず大きな3角形を考え, 1頂点は北極にあり, 他

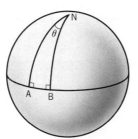

図 1-9 球面上の3角形.

の2頂点は赤道上にあるような球面上の3角形を描く(図1-9). 北極 N をはさむ2辺は経線であるから，赤道と交わる2点を A と B とすると $\angle A = \angle B = 90°$. したがって2本の経線のはさむ角を θ とすると，この球面上の3角形の内角の和は $180° + \theta$ となり，平面上の3角形の内角の和より θ だけ大きくなる．また $\overset{\frown}{NA} = \overset{\frown}{NB}$ であるから

$$\overset{\frown}{NA^2} + \overset{\frown}{AB^2} > \overset{\frown}{NB^2}$$

となり，ピタゴラスの定理は成り立たない．しかし，球面上の小さな3角形を考えると，円の場合と同じく，平面上の3角形とほとんど同じ性質をもつことがわかる．

　球面上の図形のように，ユークリッド幾何学が成り立たない面は曲がっていると解釈できる．上述の例は2次元空間の例であるが，3次元空間でも同様に曲がった空間を考えることができる．この場合にも，ユークリッド幾何学は成り立たない．このように数学的にはいろいろな空間を考えることができる．物理学的空間にどのような数学的空間があてはまるかは，観測によって定めなければならない．

　われわれの空間が曲がっているかどうかの測定をした最初の記録が，ガウス (Carl Friedrich Gauß) の著作にある．彼は互いに数十キロメートル離れた3つの山，ホーエルハーゲン，インゼルベルク，ブロッケンの山頂からなる3角形の内角の和を測定した．結果は測定誤差の範囲内で $180°$ となり，数キロメートルの大きさの空間は平坦であることがわかった．現在の観測の精度では，地球上でユークリッド幾何学が成り立たなくなるような証拠は見出されていない．

　アインシュタインの一般相対性理論によると，大きな質量をもつ物体の近くでは，空間が曲がることが示される．このことは実際に太陽の近傍で見出されている．しかし物質の存在しないとき空間はユークリッド空間，すなわち平坦な空間であると考えられている．

1-4 時間の概念

　現在の日常生活では，時間の経過は時計によって知るのが普通である．正確な時の刻みはわからなくても，個人の心の中の問題としても時間の前後を認識することができる．個人にとって現在と過去の出来事は区別できるし，記憶の中の出来事にも時間の順序がある．このような時間は主観的な時間といえようが，科学的な時間の尺度としては採用できない．

　これに対して時計などの外界の出来事で知る時間は，われわれの思考とは関係なく経過してゆく．このような時間は客観的な時間ということができる．時計でなくても，自然界のさまざまな変化は，精度に差はあっても，時を測定する手段となり得る．客観的に時間を測定するのには規則正しく繰り返す現象を用いるのが便利である．四季の繰り返しをみることにより年の経過を知ることができる．天球上の太陽の位置を観測することにより，1年の経過を知ることができ，この目的のために十二宮が定義された．太陽や惑星の日周運動によって1日の経過を知ることができ，この1日の時間変化を手軽に知るために日時計が発明された．これらの時間測定は古代天文学の知識によってもたらされた．

　時間の精密な測定としては，現在わが国で採用されている単位系 SI (Système International d'Unités) では，原子の遷移現象が用いられている．それはセシウム 123 (^{123}Cs) 原子の基底状態の2つの超微細準位間の遷移に対応する放射の 9.192631770×10^9 周期の継続時間を1秒間と定める．このように定められた時間を**原子時**という．これに対して天体の運行をもとにして定めた時間を**暦表時**という．原子時は暦表時にくらべてはるかに高い精度で時間を測定できる．

　われわれが意識するかどうかにはかかわりなく，時間は経過してゆく．時間の経過を人為的に止めることはできない．またすべての物体に対して時間は絶えず同じく経過してゆくようにみえる．一方，空間は一定の場所に物体を固定しておくことができる．このような意味で，空間と時間というものは全く異なる概念であると考えられる．しかしながら，物体の運動を記述するには，任意

14　　　　　　　　**1**　空 間 と 時 間

の時刻における物体の位置を指定する必要がある．数学的に物体の運動を記述するには，座標軸と時計をきめて，物体の位置を示す座標とその時の時刻を知らなければならない．座標は3個の実数の組によって表わされ，時刻は1個の実数によって表わされる．

運動の法則は位置座標を時刻の関数としてあらわすのが習慣である．したがって時刻が変数で，位置座標が関数であり，一見役割が異なるように見える．しかしながら，運動法則がわかり物体の軌道が定まると，逆に物体の位置を測定することにより時刻を定めることができる．そもそも時間は，天体の天球上の位置によって定められたものであった．このように考えると，われわれの世界は空間の3次元と時間の1次元をあわせて，4次元の世界であると考えることができる．

座標を定めるには，たとえば直交座標系では原点の位置と，3個の座標軸の方向を指定しなければならない．その基準となるものを**基準系**とよぶことにしよう．たとえば地球を基準系として，地球に固定した座標系を考えることができる．しかし問題によっては，地球に対して一様な速さで移動している系，たとえば等速度で走っている電車とか，水平飛行をしている飛行機を基準系にとった方が便利な場合がある．ある基準系に対して一様な速さで移動している別の基準系を考えた場合，それぞれの系に固定して設定された座標の原点は時間とともにたがいに移動してゆくことになる．この場合には1つの物体の位置を示すのに2通りの座標があることになる．たとえば図1-10のようにS系とS′系の座標系が$t=0$のときに一致している場合を考える．そしてS系の座標系のx軸の正の方向へS′系が一定の速さVで移動しているとする．それぞれの座標系による1点Pの位置座標を(x, y, z)と(x', y', z')とする．そのとき変換式は，ニュートン力学では

$$x' = x - Vt$$
$$y' = y$$
$$z' = z$$
$$t' = t$$

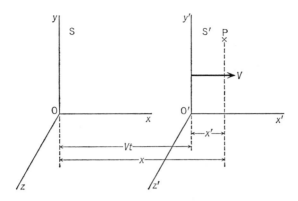

図 1-10　互いに運動している基準系.

となると考えている.

　上述のように空間と時間をあわせて，一応4次元的にわれわれの世界を考えることはできる．しかし，互いに移動する2つの基準系を考えても，時間は両方の基準系に対して共通であると考えられていた．すなわち，時間は基準系の運動とは無関係に，一様に流れているものと考えられていた．それが1905年のアインシュタインの特殊相対性理論の発見によって，空間と時間の概念に大変革がもたらされることになった.

第1章問題

［1］　春分点が十二宮の1つを移動するのに何年かかるか.
［2］　球面上の幾何学で大円(赤道)の円周率はどれだけか.

アインシュタイン
(Albert Einstein, 1879-1955)

　ドイツのウルムで1879年に生まれたが，この年はマクスウェルが亡くなった年でもある．ニュートンはガリレイの没年に生まれたので，物理学の4大偉人の奇縁といわざるを得ない．アインシュタインが生まれたウルムはデカルトが解析幾何学の着想を得た土地でもある．アインシュタインは父が経営する電気化学の工場で技術面を担当していた叔父によって数学に対する興味をよび起こされたという．1900年にチューリッヒの国立工芸学校を卒業したが大学に職を得ることができなくて，工芸学校での友人グロスマン（数学者で相対性理論の建設を助けた）の紹介でベルンの特許局に勤め，その余暇に研究を続けた．そして1905年に，特殊相対性理論，ブラウン運動の理論，光量子の理論という3つの重要な論文を発表した．1914年にはベルリン大学教授になり，1921年には「理論物理学の諸研究とくに光電効果の法則の発見」によってノーベル物理学賞を得ている．1916年には一般相対性理論を完成しているが，彼のノーベル賞が相対性理論に対して与えられなかったことは，彼がユダヤ系であったことと合わせていろいろいわれている．ナチスのユダヤ人弾圧が強まるなかでアメリカに亡命して，プリンストンの高級研究所で研究を続けた．

　アインシュタインは子供のときコンパスの針の不思議な動きに打たれたという．また彼の協力者であったインフェルド(Leopold Infeld)によれば，彼は少年時代から，光線を追いかける人の問題と，落下するエレベーターに閉じこめられた人の問題に頭を悩ましたそうである．これらはそれぞれ重力場と電磁場，特殊相対性理論の光速不変の原理，一般相対性理論の等価原理との関連を思わせる話である．

2

ニュートン力学

われわれの日常感覚では，ニュートン力学が成り立つ空間と時間の概念がすなおに受け入れられている．そこでこの章ではアリストテレスの自然観から脱却して現代の自然科学の基礎をきずいたニュートン力学の基礎を概観することにする．そして，力学で学んだことを復習しながらニュートンの運動方程式の特性についてしらべてみることにしよう．

2-1 運動の法則

物体が同じ運動状態をつづけようとする性質を**慣性**という．すなわち静止している物体は静止状態を続けようとし，動いている物体は，運動の向きも速さも変えない一様な運動をつづけようとする．この事実は**ニュートンの運動の第1法則**にまとめられる．

> 物体は，力の作用を受けないかぎり，静止の状態，あるいは一直線上の一様な運動をそのままつづける．

この法則は**慣性の法則**ともよばれる．ガリレイは，その著書の中で慣性の法則に近い命題を述べているが，明確に法則として示したのはニュートン(Sir Isaac Newton)である．

物理法則を考えるときには，理想化した状態で考える必要がある．上述の慣性の法則にしても，地上ではもちろん，宇宙の中でも厳密な意味で力の作用を受けない物体はないと思われる．そこで理想化して考える必要がでてくる．たとえば滑らかな水平面上で円板をすべらせる場合を考えてみる．地球の重力は水平面の抗力で打ち消されるから，円板の水平運動は慣性運動に近い．摩擦が小さければ，このとき，狭い範囲では，等速直線運動が，ある近似でみられる．このような実験から，摩擦を無視するという理想化によって，第1法則を認めることができるのである．

運動を記述するには，例えば地面に固定した座標系のように基準になる座標系(基準系)を考えると便利である．第1法則は，ある座標系から見て力を受けない物体が等速運動をすることを意味する．これは逆に，力を受けない物体の運動が等速直線運動として見えるような基準系を選ぶことができることを示している．第1法則が成り立つ基準系を**慣性系**(inertial system)という．慣性系において物体が力の作用を受けると，運動に変化が生ずる．そのことを述べたのが**運動の第2法則**である．

2-1 運動の法則

> 運動量が時間によって変化する割り合いはその物体にはたらく力に比例し,その力の向きに生じる.

ニュートン力学では,運動量は質量と速度の積である.この第2法則によると運動の変化は力の向きに生じることになる.したがって力の方向が一定のときには,力に垂直な方向には慣性運動をつづけることになる.このことについてガリレイが,その著『天文対話』の中で次のように述べている.

「(実験をしてみれば,船のマストから落とされた)石は船がじっとしていようとどれほどの速さで動いていようと,つねに同じ場所に落ちることが示されるでしょう.ですから大地についても船についてと同じ根拠のある以上,石がつねに塔の根元に落ちることからは大地の運動についても静止についても何も推論されることはできません.」(岩波文庫版　青木靖三訳による)

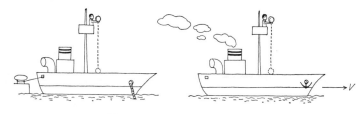

図 2-1　マストから落とされた石.

この文章は,塔の上から落とされた石が,塔の根元に落ちることから地球の不動性が必然的に推論されるという主張に対する反論である.地球が動いていたらわれわれは取り残されるはずであるというのが,アリストテレス以来約2000年間,地球が不動であることの根拠とされていた.このことから天動説が信じられていたのである.

ガリレイが主張するようなことは,現在ではわれわれが日常経験していることである.たとえば一定速度で水平面上のまっすぐなレールの上を走っている電車の中を考えてみよう.物を落とすと,物は電車の床に対して垂直に落下する.窓に幕を張って外が見えないようにしておいたとすると,電車の中で測定している限りでは,物体の運動からは,地面に対する電車の速度を測定するこ

20   **2** ニュートン力学

とはできない．すなわち地球に対する静止系と，等速度で運動する座標系とを，物体の運動から区別することはできない．つまりどちらも慣性系である．この慣性の法則のおかげで，たとえば，一定の速度で走る新幹線の中で，家の中と同様に座席でお茶をのんだり，通路を自由に歩いたりすることができるわけである．このような，現在のわれわれにとっては常識的な事実も，乗物の発達していなかったガリレイの時代にはなかなか理解されなかった．

ニュートンの運動の法則にはさらに次の**第3法則**がある．

> 物体1が物体2に力を及ぼすときは，物体2は必ず物体1に対し，大きさが同じで逆向きの力を及ぼす．

この法則は**作用・反作用の法則**ともよばれる．

2-2 慣性系

滑らかな水平面上を滑らかな面をもつ円板をすべらせる場合の考察からもわかるように，地球表面はよい近似で慣性系とみなせる．厳密なことをいえば，地球は自転しているから地表は慣性系ではなく，地表に静止している点は向心運動をしている．地表の向心加速度は小さいので，短時間の実験で地球の自転を検出するのはむずかしいが，時間をかければ容易である．簡単な方法としては，地動説を仮定することにより，天体の動きによって知ることができる．日時計や，固定したカメラによる星の写真などがその例である．これらは地動説による間接的な測定であるが，フーコー振り子を用いれば，直接的に地球の自転を知ることができる．

いま，北極において平面内で振動している単振り子を考えてみる．振り子は恒星系に対して静止している平面内を振動する．その下を地球が24時間かけて1回転する．この現象を地表で観察すると，振り子の振動面が24時間で1回転することになる．上から見た回転の方向は，時計の針の動きと同じである．地球の自転の角速度をωとすると

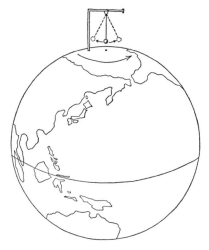

図 2-2 北極においた
フーコー振り子.

$$\omega = 2\pi \text{ ラジアン}/24 \text{ 時間}$$
$$= 7.27 \times 10^{-5} \text{ ラジアン}/\text{s} = 15''/\text{s}$$

となる．北極における単振り子の振動面は角速度 $-\omega$ で時計回りに回転する．一般に緯度が λ の地点では，振り子の振動面は角速度 $-\omega \sin \lambda$ で地球の自転と反対方向に回転する．したがって北半球では時計回りに，南半球では反時計回りになる．フーコー (Jean Foucault) は 1851 年に長さ 67 m の糸に 28 kg のおもりをつるしてこの実験を行ない，地球自転の証拠とした．この装置を**フーコー振り子**という．

フーコー振り子のような長時間をかけて観察する現象や，大規模な現象に対しては地球の自転の影響を無視することはできない．台風などの熱帯低気圧の風の向きが，北半球では反時計回りになり，南半球では時計まわりになるのも地球の自転の影響である．これらの現象にくらべて，短時間で小規模の現象に対しては地表はよい近似で慣性系である．

地球の公転運動も，地動説を仮定することにより，天球上の太陽の位置によって知ることができる．昼間は恒星が見えないので天球上の太陽の位置を直接観測することによって知ることはできないが，夜間における恒星の位置の変化と比べることによって推測することができる．

恒星系に対する地球の運動を直接的に測定するには光行差の現象が用いられる．これは雨の中を歩くときに経験する現象に似ている．

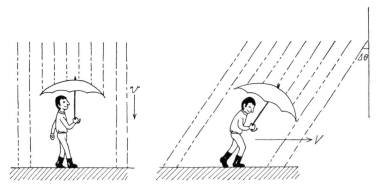

図 2-3　雨に歩けば．

　風の無い雨の日に立ちどまって傘をさすときには，図 2-3 の左図のように直上にさしていればよい．速さ V で歩くときには，ぬれないようにするには傘を前に傾ける必要がある．傾きの角度すなわち垂直方向からのずれの角度を $\varDelta\theta$，雨の落下の速さを v とすると

$$\tan \varDelta\theta = \frac{V}{v}$$

という関係になる．

　運動している地球から遠くの恒星を観測する場合について同様な考察をしてみることにする．簡単のために，地球の運動方向に垂直な方向から星の光が入射する場合を考える．星を望遠鏡で観測する．星の光が対物鏡の位置から接眼鏡の位置まで達する時間を $\varDelta t$ とし，地球の速さを V とすると，地球はこの時間の間に $V\varDelta t$ だけ移動していることになる．したがって星を観測するためには望遠鏡を前方に傾けなければならない．傾きの角度を $\varDelta\theta$，光の速さを c とすると雨の場合と同様に

$$\tan \varDelta\theta = \frac{V}{c} \qquad (2.1)$$

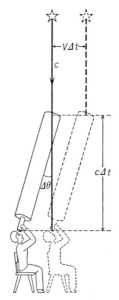

図 2-4 光行差.

を得る.この場合 $\Delta\theta$ は小さいので,よい近似で $\tan \Delta\theta \approx \Delta\theta$ とできる.

ただ1回測定しただけでは,地球が動いているのか,あるいは星が天頂から $\Delta\theta$ の角度の方向にあるのかは判断できない.しかし,たとえば半年後に同じ星を観測したとき,逆方向に同じ角度 $\Delta\theta$ だけ望遠鏡を傾けなければならなかったとする.このことが確かめられれば,地球が速さ V で太陽の周囲をまわっていることがわかる.観測者の運動のために光の入射方向が傾く現象を**光行差**という.

地球の公転運動のためにおこる他の現象として**年周視差**がある.これは太陽系外の天体を太陽の位置から見る方向と地球から見る方向との角度の差である.いいかえると,太陽系外の天体から見たときの地球の公転運動の半径が張る角度である.天体が恒星の場合には恒星視差ともいう.この角度は一般に極めて小さく,最大のもので $0.780''$ で,ケンタウルス座プロキシマである.年周視差が $1''$ になる距離を1パーセクとよぶ.

地球の公転運動による向心加速度は,地球の自転による赤道上の向心加速度

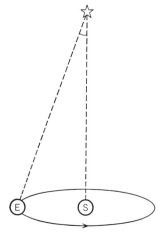

図 2-5 年周視差.

より小さいので,地球の公転運動はよい近似で慣性運動とみなすことができる.

さらに太陽系全体は銀河系の中で,銀河回転を与える運動として約 250 km/s の速さで運動していることが天体観測により推論されている.

2-3 運動方程式の対称性

アリストテレスによれば地球の中心は特別の点であり,上下方向は特別の方向であった.これに対し,ニュートン力学の空間は等質かつ等方である.すなわち空間には特別な点も特別な方向も存在しない.したがって,ニュートン力学は,アリストテレスの自然観と較べて高い対称性をもっているということができる.このことはニュートンの運動方程式をベクトルの形で表わすことにより明白に示される.ニュートン力学では,われわれの空間はユークリッド空間であると考える.ある慣性系で右手系の直交座標を考え,x 軸,y 軸,z 軸を座標軸とする.

運動量と力はベクトル量としてあらわされる.物体の運動量を $\boldsymbol{p}=(p_x, p_y, p_z)$,物体に加わる力を $\boldsymbol{F}=(F_x, F_y, F_z)$ とかく.ニュートンの運動の第 2 法則はこれらのベクトルを用いて,ベクトルの微分の定義

2-3 運動方程式の対称性 25

$$\frac{d\boldsymbol{p}}{dt} = \left(\frac{dp_x}{dt}, \frac{dp_y}{dt}, \frac{dp_z}{dt} \right)$$

により

$$\frac{d\boldsymbol{p}}{dt} = \boldsymbol{F} \tag{2.2}$$

とかかれる. ニュートン力学では運動量は物体の質量と速度の積で与えられる. 物体の質量を m, 速度を $\boldsymbol{v} = (v_x, v_y, v_z)$ とかくと

$$\boldsymbol{p} = m\boldsymbol{v} \tag{2.3}$$

となる. 速度は物体の位置ベクトル $\boldsymbol{r} = (x, y, z)$ の時間微分であらわされる. 速度をさらに時間で微分したものは加速度とよばれるベクトルで, それを $\boldsymbol{a} = (a_x, a_y, a_z)$ とかく. これらの量を用いると, 質量が時間的に変化しないときには, 運動の第2法則は

$$m\boldsymbol{a} = m\frac{d\boldsymbol{v}}{dt} = m\frac{d^2\boldsymbol{r}}{dt^2} = \boldsymbol{F} \tag{2.4}$$

とかくこともできる.

空間が等質等方であることを示すには, 座標系の原点を移動させても, あるいは座標軸の方向を変化させても運動方程式 (2.2) あるいは (2.4) の形が不変であることを示せばよい. 座標の原点の移動を定ベクトル $\boldsymbol{d} = (d_x, d_y, d_z)$ であらわし, 新しい位置ベクトルを $\boldsymbol{r}' = (x', y', z')$ とあらわす. このとき座標変換は

$$\boldsymbol{r} = \boldsymbol{r}' + \boldsymbol{d} \tag{2.5}$$

あるいは

$$\begin{aligned} x &= x' + d_x \\ y &= y' + d_y \\ z &= z' + d_z \end{aligned} \tag{2.5'}$$

とかかれる. $\boldsymbol{d}$ が定ベクトルであるから, 位置ベクトルの時間微分は不変で

$$\boldsymbol{v} = \boldsymbol{v}', \quad \boldsymbol{p} = \boldsymbol{p}', \quad \boldsymbol{a} = \boldsymbol{a}' \tag{2.6}$$

となる.

さて, 力は一般的に場所と時間によって異なるから, $\boldsymbol{F}$ は x, y, z, t の関数として与えられる. したがって座標変換に対して一般に座標に関する関数形は変

化するが，値は等しい．すなわち

$$F(x, y, z, t) = F'(x', y', z', t) \tag{2.7}$$

である．これらのことから，運動方程式は

$$\frac{dp'}{dt} = ma' = F'(x', y', z', t)$$

となり，形は変わらない．したがって運動を記述している空間は等質である．この事実を，運動方程式は座標系の移動に対する対称性をもつ，という言葉で表わすことがある．

つぎに座標を回転した場合を考え

$$x' = a_{11}x + a_{12}y + a_{13}z$$
$$y' = a_{21}x + a_{22}y + a_{23}z \tag{2.8}$$
$$z' = a_{31}x + a_{32}y + a_{33}z$$

とかく．ここで a_{ij} $(i, j = 1, 2, 3)$ は定数である．回転の変換(2.8)は，2次元の角度 θ の回転

$$x' = a_{11}x + a_{12}y = (\cos\theta)x + (\sin\theta)y$$
$$y' = a_{21}x + a_{22}y = -(\sin\theta)x + (\cos\theta)y$$

を3次元に拡張したものである．このとき，速度と加速度の成分の変換は定義から明らかなように，(2.8)の両辺を時間 t でつぎつぎに微分することにより

$$v_x' = a_{11}v_x + a_{12}v_y + a_{13}v_z$$
$$v_y' = a_{21}v_x + a_{22}v_y + a_{23}v_z \tag{2.9}$$
$$v_z' = a_{31}v_x + a_{32}v_y + a_{33}v_z$$

および

$$a_x' = a_{11}a_x + a_{12}a_y + a_{13}a_z$$
$$a_y' = a_{21}a_x + a_{22}a_y + a_{23}a_z \tag{2.10}$$
$$a_z' = a_{31}a_x + a_{32}a_y + a_{33}a_z$$

を得る．座標変換(2.8)に対して(2.9)や(2.10)のように変換する物理量をベクトルの定義とすることもできる．力がベクトルであることは実験的にわかっているので，座標変換(2.8)に対して，力は

$$F_x' = a_{11}F_x + a_{12}F_y + a_{13}F_z$$
$$F_y' = a_{21}F_x + a_{22}F_y + a_{23}F_z \tag{2.11}$$
$$F_z' = a_{31}F_x + a_{32}F_y + a_{33}F_z$$

と変換される. ただし式を短くかくために

$$F_x' = F_x'(x', y', z', t), \qquad F_x = F_x(x, y, z, t)$$

などと略記した. 座標原点の移動の場合と同様に, $\boldsymbol{F}$ と $\boldsymbol{F}'$ の関数形は一般に異なるが, ベクトルとしては同じである. 質量は座標変換に対しては不変で

$$m' = m \tag{2.12}$$

である. したがって質量はスカラーである.

以上の変換規則を用いると

$$ma_x' = a_{11}(ma_x) + a_{12}(ma_y) + a_{13}(ma_z)$$
$$= a_{11}F_x + a_{12}F_y + a_{13}F_z$$
$$= F_x'$$

となる. 同様にして

$$ma_y' = F_y', \qquad ma_z' = F_z'$$

を得る. したがってベクトルでかいて

$$m\boldsymbol{a}' = \boldsymbol{F}'$$

を得る. このことから空間の等方性がわかる. これを, 運動方程式は座標系の回転に対する対称性をもつ, と表現することがある.

なお, 慣性系の存在を認めれば $\boldsymbol{F}=0$ として第2法則の特別な場合として第1法則が得られる.

2-4 ニュートン力学の相対性

ニュートンの運動の第2法則は, 座標の原点の位置を移動しても, また座標軸の向きを変えても同じ形の方程式で表わされることを前節で学んだ. ニュートンの運動方程式はさらに, 1つの慣性系に対して等速度運動をしている他の座標系においても同じ形で表わされることが次のようにしてわかる.

1つの慣性系Sがあるとき，これに対して相対的に等速度運動をしている別の座標系S'を考え，$t=0$のときに2つの座標系は一致していたとする．点Pにある物体の位置ベクトルをSの座標系で$\boldsymbol{r}=(x,y,z)$，S'の座標系で$\boldsymbol{r}'=(x',y',z')$と表わされるとする．慣性系Sに対しS'が速さ$V$で$x$軸の正の方向へ移動している場合の変換式は1-4節に与えてある．ここではそれをすこし一般化してSに対するS'の定速度ベクトルを$\boldsymbol{V}$で与えることにする．またニュートン力学では，時間の流れは2つの座標系SとS'に対して共通であると考える．このとき2つの座標系で表わした位置ベクトルの間の関係は

$$\boldsymbol{r}' = \boldsymbol{r} - \boldsymbol{V}t, \quad t' = t \tag{2.13}$$

成分でかくと

$$\begin{aligned} x' &= x - V_x t \\ y' &= y - V_y t \\ z' &= z - V_z t \\ t' &= t \end{aligned} \tag{2.14}$$

となる．このような位置ベクトルと時刻の間の関係式を**ガリレイ変換**という．

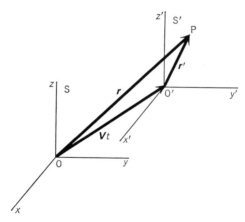

図2-6 位置ベクトルのガリレイ変換．

ガリレイ変換に対する物体の速度と加速度の，S上での値とS'上での値の変換式は，(2.13)を共通の時間$t=t'$でつぎつぎに微分して

2-4 ニュートン力学の相対性 29

$$\frac{d\boldsymbol{r}'}{dt'} = \frac{d\boldsymbol{r}}{dt} - \boldsymbol{V} \quad \text{すなわち} \quad \boldsymbol{v}' = \boldsymbol{v} - \boldsymbol{V} \tag{2.15}$$

および

$$\frac{d^2\boldsymbol{r}'}{dt'^2} = \frac{d^2\boldsymbol{r}}{dt^2} \quad \text{すなわち} \quad \boldsymbol{a}' = \boldsymbol{a} \tag{2.16}$$

を得る．したがって加速度は，ガリレイ変換をおこなっても変わらない，つまりガリレイ変換に対して不変である．

ニュートンの運動方程式(2.4)で力 $\boldsymbol{F}$ を一定にしておくと質量 m と加速度 $\boldsymbol{a}$ とは反比例している．したがって質量が大きいほど加速度は小さくなり，運動の変化が小さくなる．すなわち質量が大きいほど慣性が大きくなるので，(2.4)の質量 m を慣性質量ともよぶ．そこで力 $\boldsymbol{F}$ を一定にして考えたときには，(2.4)は慣性質量 m を定義する式であるとみられる．一方，m を一定にして考えたときには逆に力を定義しているとも考えられる．実際にはこの式と実験事実にもとづいて得られた力に関する法則がある．たとえばニュートンの万有引力の法則，クーロンの法則，ニュートンの運動の第3法則で与えられる反作用の法則などである．ニュートン力学では，ガリレイ変換に対して質量と力は不変であると仮定されている．すなわち慣性系 S′ における質量 m' と力 $\boldsymbol{F}'$ に対して，等式

$$m' = m, \qquad \boldsymbol{F}'(x', y', z', t) = \boldsymbol{F}(x, y, z, t)$$

が成り立つものとしている．これらの等式と(2.16)を(2.4)に代入すれば，S′における運動方程式

$$m'\boldsymbol{a}' = \boldsymbol{F}'$$

を得るが，これは(2.4)と全く同じ形である．ニュートンの運動の第3法則も2つの力の間の関係であるからガリレイ変換によって変わらない．

以上のようにニュートンの運動の法則は1つの慣性系に対して等速度運動をする他の座標系においても同じ形で成り立つ．いいかえれば，1つの慣性系に対して等速度運動をする座標系はすべて慣性系である．したがって，同等な慣性系は無数にあり，ニュートンの運動の法則に従う力学現象の観察によって，

特別な基準系を選び出すことはできない．この事実をガリレイは，船の話の形で述べているのである．ニュートン力学におけるこの性質をガリレイの相対性ということがある．この性質を原理としてとりあげ，**ガリレイの相対性原理**とよぶことにする．すなわち

> 力学の法則はすべての慣性系に対して同じ形であらわされる．

一言注意しておくが，力学現象によって特別な基準系を選び出すことができないということは，慣性系の間の区別ができないことを意味しない．すなわちある慣性系 S に対して定速度 V で動いている慣性系 S′ を観測することはできる．たとえば新幹線の中での真下に自由落下する物体を地上で見れば，物体は地上に対して放物線を描いて落下するように見える．この現象は相対的であって，逆に地上で真下に自由落下する物体を新幹線の中から見れば，物体は新幹線に対して放物線を描いて落下する．

第 2 章問題

[1] 地球の赤道半径を $a = 6.38 \times 10^6$ m として赤道上の向心加速度を求めよ．

[2] 地球の運動に垂直な方向から入射する恒星の光に対する光行差の角度は $\Delta\theta = 20.496''$ である．光速度を $c = 2.9979 \times 10^8$ m/s として，地球の軌道は円であるとして公転速度を求めよ．

[3] 前問の解から地球の公転半径を求めよ．

[4] 前問の解から公転運動の向心加速度を求めよ．（これは太陽による重力加速度の，地球の位置における値である．）

[5] 地球の公転半径を 1.496×10^{11} m として，1 パーセクは何光年になるか．

[6] 運動の第 2 法則で力を 0 にすると第 1 法則を得ることを示せ．

[7] 力が慣性系 S でフックの法則により，x_0 を定数として

$$\boldsymbol{F} = (k(x - x_0), 0, 0)$$

で与えられているとき，慣性系 S′ における $\boldsymbol{F}'$ の形をガリレイ変換 (2.14) から求めよ．

3

電磁波とエーテル

光が電磁波であることが確立され，その波のにない
手としてエーテルという物質の存在が仮定された．
ところが，エーテルの存在とニュートン力学を仮定
して光に関する実験を行なうと，いろいろな矛盾が
あらわれてくる．どんな矛盾があらわれたか，そし
てそれを解決するためにどのような努力がなされた
かについて考えてみることにする．

3-1 光とは何か

　光は自然を認識する上で重要な位置をしめており，古代から哲学者たちの関心の的の 1 つであった．しかし近代的な物理学の対象として研究されはじめたのは 17 世紀に入ってからである．光の理論の歴史は 2 種類の非常に対照的な考え方から出発した．その 1 つはニュートンに代表される**光の粒子説**であり，他の 1 つはホイヘンスに代表される**光の波動説**である．18 世紀にはどちらの説が正しいかを示す決定的な実験が行なわれなかったので結論は出されず，むしろニュートンらの名声のおかげで粒子説が有力であった．それが 19 世紀に入って，光の回折や干渉の現象が見出されて，波動説が決定的になったようにみえた．しかしながら 19 世紀の終りころには，黒体輻射，光電効果，X 線などが発見され，光の粒子性が示された．とくに 1900 年のプランク (Max Planck)の黒体輻射の理論と 1905 年のアインシュタインの光量子説から光のもつ**波動性と粒子性**という二面性が明らかにされ，これをもとにしてさらに量子力学が生まれるにいたった．

　光の粒子説　光のさまざまな性質のうち古代から知られていたことは，光の直進性と滑らかな平面に入射した光線の入射角と反射角とが等しいことである．また太陽光線のように光線がエネルギーを伝達することも古くから知られていた．光の直進と反射の法則についてはエウクレイデスの著作『光学』に述べられている．透明な 2 種類の媒質の境界面において光が屈折することは定性的には古代のギリシアの学者たちにも知られていた．定量的な関係を発見したのはスネル (Willebrord Snell) で，1620 年ごろのことである．光は色によって屈折率が異なり，このため屈折によって光の分散が起こることを発見したのはニュートンである．ニュートンは実験的研究をつづけ，その研究結果を 1672 年に論文として公表した．

　光の直進性，滑らかな面による光の反射のしかた，2 種類の透明な媒質の境界面における反射と屈折の性質，エネルギーの伝達などの現象は，光が粒子で

あると考えると説明しやすい．このようなわけで古代ギリシアからニュートンの時代までは，主として光の粒子説がとなえられた．ニュートンも粒子説を採用していたが，ニュートンの1672年の論文にフックが批判を加えた．フックはデカルトの説を発展させて光の本性を，光の媒質エーテルの波動であると考えた．その理由はニュートンの実験はフックの波動論によっても説明がつくが，フックの発見した薄膜の色はニュートンの粒子論では説明がつかないというものであった．

光の波動説　光の波動論の基礎をつくりあげたのはホイヘンスである．ホイヘンスは1678年ころには反射と屈折の法則は光の波動論に基づいて説明できることを示した．また複屈折などの現象の説明にも成功して1690年に書物にまとめた．光の速さが有限であり，異なる方向からきた2本の光線が互いに妨害せずに交差することが，ホイヘンスが光を波動とみなした根拠である．光の速さをはじめて測定したのはレーマー(Ole Rømer)で1675年のことである．

ホイヘンスは，光を伝える媒質であるエーテルはきわめて硬く，非常に弾性的な微粒子がきっちりつまってできていると考えた．発光体を構成する微粒子が振動して，周囲のエーテルの粒子に振動を伝える．個々のエーテルの粒子の振動は，1つ1つのエーテルの粒子を中心とした球面波として伝わってゆく．これらの球面波を重ね合わせたものが波面(wave front)となって進んでゆく．このような考えをまとめたものが**ホイヘンスの原理**である．

> 1つの波面上のすべての点が中心となってそれぞれ2次波を出し，次の波面はこれらの2次波の包絡面として得られる．波の速さをv，両波面間を進む時間をtとすれば，2次波の半径はvtである．

しかし，ホイヘンスの光の波動論は一般にはあまり受け入れられなかった．それは光が水の波や音波のように障害物のまわりを曲がりこまないからであった．このような批判を受けたのは，ホイヘンスの時代には光の波長の小さいことが認識されていなかったからである．ようやく19世紀に入ってヤング(Thomas Young)が1801年に，フレネル(Augustin Fresnel)が1815年に，光

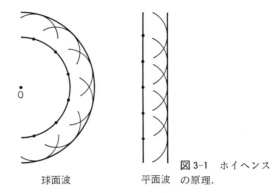

図 3-1　ホイヘンスの原理．球面波　平面波

の干渉の現象をみとめた．彼らの実験は，光が波動でなくては説明できないことを示した．

　フレネルはヤングとは独立に波の干渉の概念を導入し，光の回折や直進の現象を説明して光の波動説を主張した．光の波動説では，初めは音波のようなものであると考えられていた．ところが反射光の偏りの事実がマリュス(Étienne Malus)によって発見された．この事実を説明するために，ヤングは光が横波であることを唱えた．さらにフレネルはアラゴー(Dominique Arago)とともに，結晶の複屈折によって生ずる光線について実験し，光が横波であることを実証した．これらのことから，フレネルは光を横波として波動論を確立した．ヤングもフレネルも，光の波を伝える振動する媒質としてエーテルを考えていた．横波を伝える媒質としては，固体のような弾性をもったものとみなす必要があったのである．

　光の電磁波説　一方，1820年にエールステッド(Hans Oersted)により電流の磁気作用が発見され，電気現象と磁気現象との関連についての研究をうながすことになった．とくにファラデー(Michael Faraday)は1831年に電磁誘導現象を発見するなど，電磁気現象についての研究で顕著な業績をあげた．そして電磁気についての近接作用論をたて，電磁作用は空間をみたす力線によって伝えられると主張した．マクスウェル(James Maxwell)はファラデーの電磁気に関する考察をもとにして，流体力学との類推を用いて1864年に数学的理論

をつくりあげた．このようにして導きだされたのが電磁場のマクスウェルの方程式である．この方程式から電磁波の存在と，その波は横波であり伝播速度が光の速さと同じであることが示された．このことからマクスウェルは**光の電磁波説**を唱えた．電磁波の存在は 1888 年にヘルツ (Heinrich Hertz) によって実験的に確かめられた．この成功により，当時は光と電気磁気の作用を伝える媒質としてエーテルの存在が証明されたと考えられた．

3-2 光の伝播

エーテル 光の波である電磁波の波動を伝える媒体としてエーテルというものが考えられたことは，いままでに述べたとおりである．エーテルは電磁波という振動をになっているから力学的な性質をもっている実体であると考えられた．光は真空中も，透明な物質の中も透過するのであるから，エーテルは真空中にも物質中にも，いたるところに存在しなければならないことになる．しかし地球をはじめ惑星や衛星はニュートン力学に従って規則正しく運行している．したがってエーテルによって運動を乱されている証拠はない．そこでエーテルは静止していて，物体の運動とは無関係であるとする説が有力であった．しかしながら物体内の電磁現象は物質の種類によって異なる．物質とエーテルの間には力学的な相互作用はないはずだから，別の種類の相互作用が必要になる．一方，エーテルは電磁現象のにない手であるから，その相互作用は電磁相互作用で，物質は荷電粒子で構成されているという考えを，ローレンツ (Hendrik Lorentz) が 1895 年に発表した．これが**ローレンツの電子論**と呼ばれているものである．

電子論によってローレンツは，物質の光学的な性質や電磁気的な性質を理論的に説明することに成功した．一方 1897 年に J. J. トムソン (Sir Joseph John Thomson) が電子を実験的に発見した．トムソンは陰極線に電場や磁場をかけて電子の電荷と電子の質量の比である比電荷 e/m を測定した．比電荷が陰極物質をとりかえても同一であることから，負の電荷をもつ電子はすべての物質

36 **3** 電磁波とエーテル

に共通の構成粒子であることを示した．また電子の質量が原子の中でいちばん軽い水素原子よりはるかに小さいことがわかった．このことにより，原子は不可分のものではなく，さらに軽い粒子から構成されていることがわかった．これらの物質の構成粒子の発見によって，ローレンツの電子論は確かなものとなったように思われた．しかしながら，静止しているエーテルの中を地球がつき進んでいるのならば，静止エーテルに対する地球の絶対速度を電磁現象を通じて測定できるはずだと考えられた．たとえば地球の運動による光の速さの向きによる違いの測定などである．

光の速さ 光はたいへん速いので，光の速さは，地上ではなかなか測定できず，最初に行なわれたのは天体観測によってである．ガリレイは光の速さが有限である可能性を指摘した．彼の行なった光速の測定法は，彼とその弟子がそれぞれランタンを持って2つの山の頂上に待機する．はじめはランタンに覆いをしておき，まずガリレイがランタンの覆いをはずして光を発する．その光を見た瞬間に弟子がランタンの覆いをはずす．その光をガリレイが見た瞬間までの光の往復時間を測定するというものであった．たとえば2つの山頂の間の距離を 1.5 km としても，光の往復時間は 10^{-5} 秒である．人間の知覚ではこのような短時間を認識することは不可能であるから，ガリレイの光速の測定の試みは失敗した．

光速の測定に最初に成功したのは前にも述べたようにレーマーである(1675年)．彼は木星の衛星の相次ぐ2回の食の間隔に周期的の変化があることから，光速度の有限なことを知った．木星には現在までに16個の衛星が発見されているが，そのうち4個は太陽系の衛星中で月を除いて光度が最も大きい．これらの4個の衛星は1610年にガリレイが発見したので，ガリレイ衛星とよばれている．木星の直径は地球の直径の約11倍あり，ガリレイ衛星のうち3個は1公転ごとに木星の本影の中に入って食を起こしている．地球の公転の軌道直径は約 3.0×10^{11} m あるので，木星から地球へ光がとどく時間は最大で

$$3.0 \times 10^{11} \text{ m} \div (3.0 \times 10^8 \text{ m/s}) = 1000 \text{ s} = 16 \text{ 分 } 40 \text{ 秒}$$

の差が生じることになる．レーマーは木星の最内側の衛星イオの食の観測から

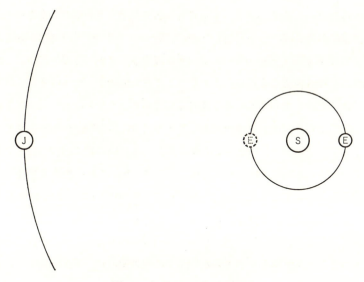

図 3-2 木星と地球の位置関係.

この差が 22 分であるとした. そして地球の軌道直径として当時知られていた値 2.8×10^{11} m を用いて光速を計算し

$$c = \frac{2.8 \times 10^{11} \text{ m}}{22 \times 60 \text{ s}} = 2 \times 10^8 \text{ m/s}$$

という値を得た. レーマーの得た値は精度は良くなかったが, 光の速さが有限であることをはじめて示した.

　ブラッドレー(James Bradley)は恒星の見かけの位置が季節によって変化するのを観測した. とくにロンドンの天頂を通過するりゅう座の γ 星について精密に観測して, 1 年間に約 40″ の視直径をもつほぼ円形の軌道上を動いていることを見出した. ブラッドレーはこの現象が光行差の現象であることを 1727 年に発表した. 光行差の公式(2.1)で, $\Delta\theta$ と V を知れば, 光速 c を求めることができる. 光行差の角度 $\Delta\theta$ は, 真の星の位置と見かけの星の位置との間の角度である. したがってブラッドレーの観測した視直径は $2\Delta\theta$ にあたる.

　地上での測定　これまで述べた 2 種類の光速の測定はいずれも天体観測によるものである. 地上での光速の測定はフィゾー(Armand Fizeau)によって行

なわれ，1849年に発表された．フィゾーの測定装置は，光源の前で歯車を回転させ，歯車の歯と歯の間を通過した光が，8633 m の距離にある鏡に反射されて戻ってくるようにしたものである．光が鏡で反射されてくる往復時間と歯車が回転してつぎの歯のすきまが，最初のすきまの位置と一致するまでの時間が等しくなると，歯車の手前にいる観測者に光が見えることになる．図3-3 はその概念図である．光源 S を出た光は銀をうすく塗って光を半分透過させ半分反射させる半透明鏡 M_1 で直角に反射される．歯車 G の歯のすきま A を通過した光は遠方にある鏡 M_2 で反射されて戻ってくる．このとき歯車を適当な速さで回転させておくと，光が戻ってきたとき A の隣のすきま B を通過するようにできる．そのとき光は半透明鏡 M_1 を透過して観測者 O に達する．この装置により G と M_2 の間を光が往復する時間がわかるから，光の速さを計算できることになる．フィゾーの得た空気中の光の速さは

$$3.153\times10^8 \text{ m/s}$$

であった．

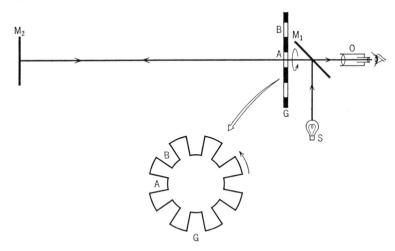

図 3-3 フィゾーの光速測定装置．

フィゾーの発表後間もなくの1850年，フーコーは回転歯車のかわりに，回転鏡を用いた装置で実験を行なった(図3-4)．光源 S を出て高速回転をしてい

る鏡Rによって反射された光が20m離れて置かれた固定鏡Mによって反射され，鏡Rへ戻ってくる．そのとき鏡Rはすこし回転しているので光は光源に正確にはもどらず，0.7mmずれた位置に像が得られた．この装置でフーコーが得た最も良い(空気中の)光速の値は

$$2.98 \times 10^8 \text{ m/s}$$

であった．この原理を用いた方法はさらに改良され，測定精度を向上してきた．

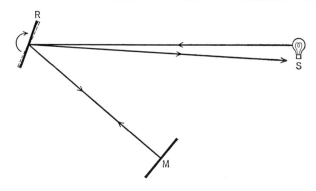

図3-4 フーコーの光速測定装置．

回転鏡などの機械的方法よりさらに速いシャッターとして，カー・セルを用いる装置がある．カー・セルは1875年にカー(John Kerr)によって発見された電気光学的現象を応用して，電圧に応じて透過光の量を制御する装置である．また高周波の電磁波の空洞共振現象を用いて波長 λ と振動数 ν を精密に測定し，公式

$$c = \lambda\nu$$

から光速を決定する方法もある．

現在(1983年)採用されている真空中の光速の値は

$$c = 2.99792458 \times 10^8 \text{ m} \cdot \text{s}^{-1} \tag{3.1}$$

である．媒質の中では光速は真空中の値より遅くなる．屈折率 n の媒質中の光速は c/n である．

40   **3** 電磁波とエーテル

3-3　マイケルソン-モーレーの実験

　光を伝播する媒質である静止しているエーテルの中を，光は真空中の光速 c で伝わると 19 世紀の物理学者たちは考えていた．そこで静止エーテルに対する地球の速さを決定しようとする試みがいろいろとなされたが，いずれの実験もエーテルに対する地球の運動を検出することができなかった．その中でもっとも重要で精度の高い実験が，マイケルソン(Albert Michelson)とモーレー(Edward Morley)が 1887 年に発表したものである．

　力学の現象に対しては，ガリレイの相対性原理が成り立つ(2-4 節)．ところが電磁気現象に対してはガリレイ変換(2.13)に対する不変性が成り立たない．ニュートンの運動方程式は(2.4)からわかるように物体の加速度で記述されているから，ガリレイ変換による加速度の不変性(2.16)により不変である．一方，電磁場の振舞を記述するマクスウェルの方程式の中には光速が陽に含まれている．静止エーテルの基準系を S とし，その系における光の速さを c とする．一方，静止エーテルに対して等速度 V で移動している慣性系 S′ を考え，V の方向の光の速さを S′ で測定すると，$c-V$ となる(ここで V の大きさを V とし，(2.15)式を用いた)．このためマクスウェルの方程式は形が変化し，電磁場の法則はガリレイ変換に対して不変でなくなる．このことを利用して静止エーテルに対する地球の速度を求めるさまざまな実験が試みられたのである．

　マイケルソン-モーレーの実験装置の概要を示すと図 3-5 のようになる．光源 L から出た光は，銀を薄くめっきした半透明鏡 A で互いに直角の方向に 2 つに分かれる．一方の光は A から l_1 の距離にある鏡 M_1 で反射されて A にもどってくる．もう一方の光は A から l_2 の距離にある鏡 M_2 で反射されてやはり A にもどってくる．両方の光は A で再び一緒になって望遠鏡 T に入る．このとき，L からは位相のそろった単色光を出していても，2 つの光は光路が異なるので一般には干渉縞が生じる．ガラス板 B は，M_1 を往復する光と M_2 を往復する光の，A と B のガラスの中の光路を等しくするための補助板である．

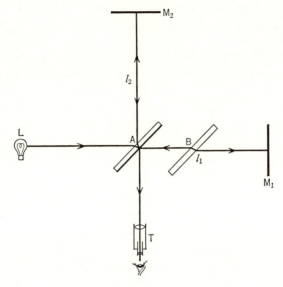

図 3-5　マイケルソン-モーレーの実験.

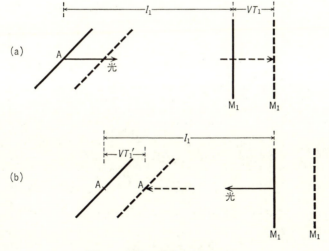

図 3-6　装置の運動に平行な光.

42   **3** 電磁波とエーテル

いま静止エーテルに対して，実験装置全体が AM_1 の方向に速度 V で移動しているものとする．光が A から M_1 に向かっているときには，装置は光と同方向に速さ V で移動している．したがって A を出た光が M_1 に到着するまでの時間を T_1 とすると，その間に M_1 は VT_1 だけ遠ざかっている(図 3-6(a))．エーテルに対する光速は c であるから

$$T_1 = \frac{l_1 + T_1 V}{c}$$

となる．この式を T_1 について解くと

$$T_1 = \frac{l_1}{c - V}$$

を得る．逆に光が M_1 で反射されて A に帰ってくるまでの時間を $T_1{}'$ とすると，A は $VT_1{}'$ だけ光に近づいてくる(図 3-6(b))．上と同様にして $T_1{}'$ を求めると

$$T_1{}' = \frac{l_1}{c + V}$$

となる．そこで光が AM_1 を往復するのに要する時間を t_1 とすると

$$t_1 = T_1 + T_1{}' = \frac{l_1}{c - V} + \frac{l_1}{c + V} = \frac{2l_1}{c} \frac{1}{1 - (V/c)^2} \tag{3.2}$$

となる．

一方，実験装置内で V に垂直方向つまり A から M_2 に光が向かっているとき，A を出た光が M_2 に到着するまでの時間を T_2 とする．その間に M_2 はエーテルに対して V の方向に VT_2 だけ移動している．したがって光がエーテルの中を A から M_2 まで進む間に通過する距離は，ピタゴラスの定理により $\sqrt{l_2{}^2 + (VT_2)^2}$ である(図 3-7(a))．この距離を c で割ると T_2 が

$$T_2 = \frac{\sqrt{l_2{}^2 + (VT_2)^2}}{c}$$

と得られる．この式から T_2 を解くと

$$T_2 = \frac{l_2}{c} \frac{1}{\sqrt{1 - (V/c)^2}}$$

となる．光が M_2 から A にもどるまでの時間も同様にして求められるから，光が AM_2 を往復するのに要する時間を t_2 とすると

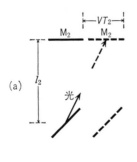

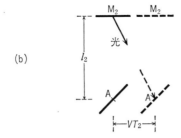

図 3-7 装置の運動に垂直な光.

$$t_2 = 2T_2 = \frac{2l_2}{c}\frac{1}{\sqrt{1-(V/c)^2}} \tag{3.3}$$

となる.

　静止エーテルに対する実験装置の進行方向と平行な光の往復時間 t_1 と，それに垂直な方向の光の往復時間 t_2 との時間の差を $\varDelta t = t_1 - t_2$ とすると

$$\varDelta t = \frac{2l_1}{c}\frac{1}{1-(V/c)^2} - \frac{2l_2}{c}\frac{1}{\sqrt{1-(V/c)^2}} \tag{3.4}$$

となる．光源 L からは位相のそろった単色光が発せられているとする．半透明鏡 A で 2 方向に別れた光がふたたび A にもどってくるまでの光の通過した距離の差，すなわち光路差は $c\varDelta t$ となる．この光路差だけ光の位相がずれて干渉をおこして干渉縞を生ずる.

　つぎに装置を 90°回転して同じ実験をした場合の時間の差を $\varDelta t'$ とすると，同様な考察から

$$\varDelta t' = \frac{2l_1}{c}\frac{1}{\sqrt{1-(V/c)^2}} - \frac{2l_2}{c}\frac{1}{1-(V/c)^2} \tag{3.5}$$

44 **3** 電磁波とエーテル

を得る. これらの 2 つの実験における光の往復時間の差の変化は, 2 項定理

$$(1-x)^{-n} = 1 + nx + \cdots$$

を用いて, 近似的に

$$\Delta t - \Delta t' = \frac{2(l_1 + l_2)}{c}\left(\frac{1}{1-(V/c)^2} - \frac{1}{\sqrt{1-(V/c)^2}}\right)$$

$$= \frac{2(l_1 + l_2)}{c}\left\{1 + \left(\frac{V}{c}\right)^2 + \cdots - \left(1 + \frac{1}{2}\left(\frac{V}{c}\right)^2 + \cdots\right)\right\}$$

$$\approx \frac{l_1 + l_2}{c}\left(\frac{V}{c}\right)^2$$

と計算される. 光の往復時間の差の変化 ($\Delta t \to \Delta t'$) にともなって, 90° の回転により光路差の変化

$$c(\Delta t - \Delta t') \approx (l_1 + l_2)\left(\frac{V}{c}\right)^2 \tag{3.6}$$

に相当する干渉縞の移動が起こるはずである.

エーテルに対する実験装置の速さ V として, 太陽のまわりの地球の公転の速さ $V_E \approx 3 \times 10^4$ m/s を採用する. 光の速さは $c \approx 3 \times 10^8$ m/s であるから $V_E/c \approx 10^{-4}$ となる. 地球の自転による地表の速さは赤道付近で 5×10^2 m/s 弱であるから, いまの場合無視できる. マイケルソン–モーレーの実験装置の値 $l_1 \approx l_2 \approx 11$ m を (3.6) に代入すると, 地球の公転による光路差の変化は,

$$(l_1 + l_2)\left(\frac{V}{c}\right)^2 \approx 22 \times 10^{-8} \, \text{m} = 2.2 \times 10^{-7} \, \text{m}$$

となる. 一方, 実験に用いられた光源であるナトリウムの D 線の波長は $\lambda_D \approx 5.9 \times 10^{-7}$ m であるから, 光路差と波長の比は 0.37 となるはずである. ところが, 実測の結果は, 光路差と波長の比は 0.02 より小さいことを示した. 地球の公転速度の方向は 1 年間で 1 回転するが, この結論は季節によっても変わらないことがわかった. したがってこの実験によっても, 静止エーテルに対する地球の速度を見出すことはできなかったのである.

それでは地球は静止エーテルに対して静止しているといえるだろうか. 太陽系近傍における銀河系の回転の速さは 250 km/s であり, 太陽のまわりを地球

は約 30 km/s の速さで公転しているのである．したがってこの実験結果から直ちに地球が静止エーテルに対して静止しているという結論を引き出すことはできない．

　しかし，光を用いた実験によって静止エーテルの存在を示すこと，またこのエーテルに対する地球の運動速度を，少なくとも $(V_E/c)^2 \approx 10^{-8}$ までの精度では測定することはできないことがわかった．すなわち，マイケルソン-モーレーの実験により，ガリレイ変換と静止エーテルの存在を仮定した議論には欠陥があることが明らかになったといえよう．

3-4　ローレンツ-フィッツジェラルドの収縮仮説

　マイケルソン-モーレーの実験によってもたらされた困難を解決する方法として，1892 年，ローレンツは 1 つの仮説を提唱した．それは，物体がエーテルの中を運動するとき，その運動方向に収縮するというものである．これを**ローレンツ収縮**(Lorentz contraction) という．すなわち，エーテルに対する運動の速さを V とするとき，その収縮の割合を 1 対 $1-V^2/2c^2$ とするのである．そうすると，マイケルソン-モーレーの実験結果が簡単に説明できる．同様の考えはフィッツジェラルド(George FitzGerald) によっても述べられていた．

　ローレンツが最初に述べた短縮率は $1-V^2/2c^2$ という近似式であったが，1895 年に出版した書物では厳密な式 $\sqrt{1-(V/c)^2}$ におきかえられていた．この短縮の式をもちいると，(3.2)式を導くとき，装置の A と M_1 との間の長さは $l_1\sqrt{1-(V/c)^2}$ に収縮することになる．この値を (3.2) の l_1 のかわりに用いると

$$\frac{2l_1\sqrt{1-(V/c)^2}}{c}\frac{1}{1-(V/c)^2} = \frac{2l_1}{c}\frac{1}{\sqrt{1-(V/c)^2}}$$

となり，(3.3)式と同じ形になる．したがって (3.4) と (3.5) は厳密に等しく

$$\Delta t = \Delta t' = \frac{2(l_1-l_2)}{c}\frac{1}{\sqrt{1-(V/c)^2}}$$

となる．装置を 90° 回転しても光路差の変化は $c(\Delta t - \Delta t')=0$ となり，干渉縞の

46 **3** 電磁波とエーテル

移動は起こらないことになって実験結果との矛盾が解消する.

　ポアンカレ(Henri Poincaré)は 1895 年に，それまでに行なわれたいろいろな実験結果から，静止エーテルに対する物体の運動を見出すことは不可能であるという見通しを述べていた．また 1899 年に行なった講義で，すべての近似にわたってエーテルに対する物体の運動が見出せないような理論が可能なはずであると述べている．ローレンツは 1904 年にいたって，ポアンカレの期待にこたえる理論を作り上げた．この理論では，マクスウェルの理論は静止エーテルに固定された座標系で厳密に成り立つとしている．そして，静止エーテルに対して等速度で移動している基準系の座標系と時間に対して，有効座標および局所時という変数を導入すると都合がよいことを示した．有効座標と局所時は，のちにアインシュタインが特殊相対性原理にもとづいて導いた座標と時刻の変換と全く同じ形をしている．この理論では運動座標系における電磁場の量も変換を受けるが，その変換式もアインシュタインのものに一致する．さらにポアンカレが改良した電荷と電流に対する変換式を用いると，運動系におけるマクスウェルの方程式は，静止エーテル中のマクスウェルの方程式と全く同じ形であることが示された．ローレンツが導いた座標と時刻の変換に対して，ポアンカレはローレンツ変換という名前をつけた．

　ローレンツとポアンカレの理論は，数学的にはアインシュタインの特殊相対性理論に完全に一致する．両者の違いは考え方の違いである．ローレンツとポアンカレによれば，エーテルは存在している．エーテルの中を運動している物体は，物体を構成している電子とエーテルとの相互作用によって影響を受ける．その結果として，ローレンツ収縮などの現象が生ずる．すなわち，マイケルソン–モーレーの実験と矛盾しないためには，ガリレイ変換に修正を加えなくてはならなくなる(ローレンツ変換)．また電磁場も特別な変換を受ける必要が出てくる．このようにして，ローレンツ収縮と光の速度の変化が互いに打ち消しあって，表にあらわれなくなると考えるのである．一方アインシュタインによれば，観測不可能なエーテルは存在する必然性はなく，特殊相対性原理を要請すればよいのである．

第3章問題

　[1]　木星の衛星イオは平均 42.5 時間で木星を 1 周する．地球から見たイオの見かけの公転周期と平均値とのずれが最大になるのはいつか．

　[2]　地球の公転速度を 3.0×10^4 m/s として，イオが木星を 1 周する間の地球と木星との距離の変化の最大値を求めよ．

　[3]　イオの見かけの公転周期と平均値とのずれの最大値は 15 s である．この値から光速を計算せよ．

　[4]　ブラッドレーの光行差の観測値から光速を計算せよ．

ローレンツ
(Hendrik Lorentz, 1853–1928)

オランダのアルンヘムで生まれ，ローレンツ収縮，ローレンツ力，ローレンツ変換，電子論など古典物理学最後の大問題と取り組んだ大物理学者である．1902年にノーベル賞をゼーマン (Pieter Zeeman) とともに「放射に対する磁場の影響の研究」によって受賞した．

ローレンツの物理学における仕事は広範囲にわたったが，特に電気，磁気，光の現象を統一的に矛盾なく説明することに努力した．1895年には局所時間の概念を導入したが，同じ年にフィッツジェラルドはマイケルソン-モーレーの実験を説明するために長さが短縮するという仮説を提唱した．局所時間とフィッツジェラルドの収縮の関係をラーモア (Joseph Larmor) に指摘され，ローレンツは自分の考えを発展させて1904年にローレンツ変換を見出すにいたった．

また，彼はオランダのダム建設に大きな役割を演じた．オランダは海より低い国であり，しばしば水害におそわれた．ことに1916年には北海からの高潮で大洪水が起こったので，大水防ダムの建設が科学的に検討されることになり，ローレンツはその委員長として1918年から8年間にわたって観測，計算，実験を指導して，ダム建設を成功させたのである（「ゾイデル海の水防とローレンツ」(朝永振一郎著作集第4巻『科学者と人間』，みすず書房)所収）．

4

特殊相対性原理

力学の法則にのみ適用されていた相対性の考え方を，アインシュタインは電磁気学の法則にも適用した．アインシュタインの提唱した特殊相対性原理は，われわれの時間および空間の概念を根本からゆるがすものであった．

4-1 特殊相対性原理

1905年，アインシュタインは「運動物体の電気力学について」という標題の論文を発表し，今日特殊相対性理論とよばれる仮説を提唱した．この論文のまえがきにあたる部分で，彼は2つの種類の現象にもとづいて相対性原理を導入している．

その1つは，基準系のとり方によって電磁現象の解釈にちがいが生じることである．たとえば，棒磁石と導体の閉じた輪からなる系を考える．導体を固定して，磁石を速さVで導体に近づけると，磁極のまわりに電場が生じて導体に電流が流れる(図4-1(a))．つぎに磁石を固定して，導体を速さVで磁石に近づけると，このときには磁極のまわりには電場は生じない．しかしながら導体の中の電子に働くローレンツ力によって，導体には前と同じ方向と大きさの電流が流れる(図4-1(b))．これらの2つの場合の起電力についての解釈は，磁石が動く場合と導体が動く場合では明確に違いがある．しかし，それにもかかわらず導体に誘導電流が流れるという現象は同じで，誘導電流の流れる向きと大きさは磁石と導体との相対的な速度のみによって定まるのである．したがって，むしろ電磁場の法則はどちらの基準系でも同じ形にあらわされるべきもの

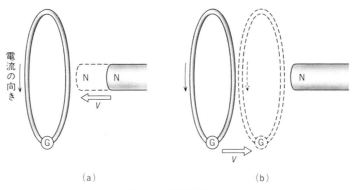

図4-1 電磁誘導．

であると考えられる.

もう1つは，前章で述べたように，静止エーテルに対する地球の運動の速度を測定しようとする試みの失敗である.

これらの2つの種類のことから，アインシュタインは，すべての慣性系において，電気力学や光学の法則がいつも同じ形で成り立つということを要請した．そしてこの仮説を**相対性原理**と名づけた．その後に見出された原子物理学や原子核物理学の法則も，任意の慣性系において同じ形で成り立つように定式化されることがわかってきた．重力を無視する近似では，力学法則に限らず，現在知られているすべての基本的な物理法則は，任意の慣性系において同じ形にあらわされることが知られている．この原理は，力学の方程式に対してのみ述べられたガリレイの相対性原理に対して，**アインシュタインの相対性原理**とよばれている．重力を考慮に入れるときには，基準系として加速度系をも含めた，より一般的な相対性を考察する必要が出てくる．この場合に対して，いまは加速度をもたない慣性系同士の相対性を考えているので，この原理を**特殊相対性原理**ともよぶ.

物理法則はすべての慣性系に対して同じ形であらわされる.

アインシュタインは，さらに次のような第2の要請をつけ加えた．すなわち，**光速不変の原理**とよばれるものである.

真空中の光の速さは光源の運動状態に無関係である.

光は慣性系で見ると真空中をつねに一定の速さ c で伝播するというのである．しかもどんなに高速で運動している光源から発せられた光でも，その速さはやはり同じ c であることを要請している.

この原理は，特殊相対性原理から必然的に導き出される法則である．それは光は電磁波であって，電磁波はマクスウェルの方程式によってあらわされるからである．真空中のマクスウェルの方程式は任意の慣性系において同じ形であらわされる．マクスウェルの方程式から電磁波の伝播速度が求められる．した

がって真空中の光の速さは，観測者に対する光源の運動状態には無関係になるのである．しかしながら，マクスウェルの方程式を用いずにガリレイ変換(2.13)にかわる変換を求めるには，光速不変の原理を用いるのが便利である．この原理はわれわれが日常経験を通じてもっている常識的な速度変換の式(2.15)

運動している光源

　光速不変の原理によると，光の速さは光源の運動に無関係である．この原理の検証は，まず天体の観測によって行なわれた．真空中の静止光源による光速を c，観測者の方へ速さ v で運動している光源からの光の速さを c' と書き $c'=c+kv$ とおく．2つの星が互いのまわりを回転している二重星では，一方が地球に近づいているときは，他方の星は遠ざかっている．これらの星からくる光を観測したところ，$k<10^{-6}$ であることが知られている．

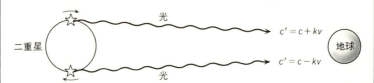

地上での実験は，光速に近い π^0 中間子の 2 個の光子への崩壊

$$\pi^0 \to \gamma+\gamma$$

によって生ずる光すなわち γ 線の速さの測定によって行なわれている．ヨーロッパ核物理学研究所(CERN)の陽子加速器の陽子をベリリウム(Be)に衝突させて $v=0.99975c$ 以上の π^0 中間子を発生させた．この程度の速さの π^0 中間子は約 10^{-6} m＝1 μm 走ると，2 個の高エネルギーの光子に崩壊する．崩壊した光の速さの測定から $k<10^{-5}$ という値を得ている．

　このようなことから，$k=0$ であり，光速不変の原理は正しいと考えられる．

とは相容れないものである．このような'常識'は，光の速さが日常経験する速度にくらべて桁違いに大きいことに原因する．物理的実験においても，光の速さを無限大とみなしても精度に影響を与えないことが多い．

ニュートン力学においては，たとえばある物体の位置座標は用いる慣性系によって異なり，その間の関係はガリレイ変換(2.13)で与えられる．その意味でニュートン力学においても，空間は相対的である．それにひきかえ，時間的関係は，ガリレイ変換(2.13)にみられるように，すべての慣性系に対し共通で不変である．この意味でニュートン力学においては時間は絶対的である．しかし，絶対時間を用いると，速度の変換は速度のベクトル和(2.15)で与えられるので，慣性系によって光の速度が異なって観測されることになり，光速不変の原理と矛盾する．そこで，光速不変の原理を認めれば，逆に時間は絶対的なものではないことになる(これについては4-3節で調べることにする)．したがって，光速度不変の原理を採用する相対性理論では，異なる慣性系では時間の経過のしかたも異なり，時間も相対的であるという結論になる．

4-2 離れた場所にある時計の同期化

光速不変の原理により，時間は絶対的なものでなくなった．このことは，慣性系が異なれば，それぞれの系で別々に時間を考えなければならないことを意味する．そこでまず，同時性について考察することにしよう．なお，本書では原理的な問題を議論するので，いつも理想的な測定が行なわれるものとして，起こりうる誤差はいっさい無視する．以下で考える時計も理想的な時計であるとする．

たとえば，「ある駅のホームに7時に電車が入ってきた」というのは，駅の時計が7時を指した現象と，電車がホームに入ってくるという現象が同時に起こったことを意味する．この場合に大事なことは，時計が7時を指す現象と，電車が入ってきた現象とが同一のホームで起こった出来事であるということである．観測者の時計と同じ場所で起こった出来事の時刻を測定することはいつで

もできる．

　しかし，観測者の時計から離れた場所で起こった出来事の時刻については慎重な検討を必要とする．われわれの時間に関する常識がくずされるとなると，どのような概念が保たれるのかを考えておく必要がある．われわれは自然現象がなぜ生ずるのかを基本原理から説明することはできない．自然現象がどのように起こるかを観察することによって，そこから法則を見出すのである．しかしながら，ただ漫然と眺めていても法則を見出せるものではない．そこでわれわれは仮説を置いて，それによって自然現象を解釈する．そしてそれらの仮説によって関連する現象が矛盾なく説明できたとき，仮説が正しかったことが認められるわけである．

　ここではアインシュタインに従って，特殊相対性と光速不変の2つの原理を仮説として出発する．ところで光速を測定するためには，光が通過した2点間の距離の測定と，その通過に要する時間の測定とが必要である．そのために正確な物差しと時計を用意する．そして同一の慣性系に置かれた複数の物差しはつねに同じ長さを示し，複数の時計は同じ速さで時を刻むと仮定する．これらの仮定を認めてもさらに離れた2点に置かれた時計をあわせる必要がある．もしもそのために，同一地点に2つの時計を持ってきて，あわせたうえで離れた2点に移動させたとすると，移動することによって時計の進み方が変化する心配がある．したがって，時計はあらかじめきめられた2点にそれぞれ置いたままあわせなければならない．これには，光の信号を使えばよいが，そのために

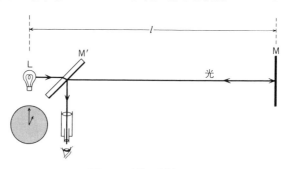

図4-2　光速の測定．

4-2 離れた場所にある時計の同期化

必要な装置と時計をあわせる方法とを説明しよう.

光速は図 4-2 のように 1 つの慣性系に静止している光源 L に置かれた時計と鏡 M を用いて測定できる. 光源 L と鏡 M との距離を物差しで測定しそれを l とする. 光源 L を出た光が半透明の鏡 M′ を通って進み, 鏡 M で反射されて光源の位置へもどる時間を t とすると, 光速 c は

$$c = 2l/t \tag{4.1}$$

で与えられる. このような光速の測定法は 3-2 節で説明したフィゾーやフーコーの実験と原理的に同じものである. 光速 c が決定されると, 同一慣性系内にある離れた場所にある複数の時計を, 移動することなくあわせることができる.

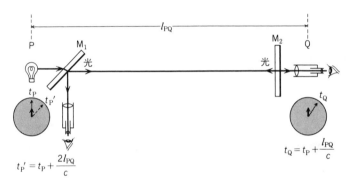

図 4-3 時計のあわせ方.

いま 2 点 P と Q に観測者がいてそれぞれ時計を持っており, P の時計を標準として Q の時計を P の時計にあわせることを考える(図 4-3). 2 人の観測者はあらかじめ打ち合わせておき, P における時計が時刻 t_P を示したとき, P 点にある光源から光を発することにしておく. 物差しで P と Q との間の距離を測定し, その長さを l_{PQ} とする. 時刻 t_P に P 点を発した光が Q 点に到達した瞬間に Q にある時計の時刻を t_Q

$$t_Q = t_P + l_{PQ}/c \tag{4.2}$$

ときめる. このようにして Q にある時計を P にある時計にあわせることができる. この時計のあわせ方は, テレビやラジオの時報によって家庭にある時計をあわせるのと原理的には同じである. ただこのときは, 真空中の速さは光と

56 **4 特殊相対性原理**

同一であるが，光より波長の長い電磁波である電波を光のかわりに使っている．

以上の時計のあわせ方に矛盾がないことを示すには，同じ方法により，Qにある時計の時刻によってPの時刻をきめたときに，はじめからPにある時計の時刻と一致することを確かめればよい．そのために半透明鏡 M_1 と M_2 を用意しておいて，図4-3のようにしておく．時刻 t_P にP点を出た光は時刻 t_Q にQ点に到着すると，光の一部はQにいる観測者によって観測される．一部の光は同時に半透明鏡 M_2 によって反射されてP点にもどる．この時刻をQの時計をもとにしてきめて t_P' とすれば，

$$t_P' = t_Q + l_{PQ}/c$$

である．時刻 t_Q は(4.2)で与えられているので，この式に代入すると

$$t_P' = t_P + 2l_{PQ}/c$$

となる．したがって

$$t_P' - t_P = 2l_{PQ}/c$$

となる．これはPQ間を光が往復する時間をPにある時計で測定した値と一致している．したがって，Qの時計をもとにしてきめたP点の時刻はもとからPにあった時計の時刻と一致し，上の方法に矛盾のないことが確かめられた．このようにして同一の慣性系に固定した任意の2点にある時計をあわせることができる．

さらに，光速不変の原理により，任意の慣性系について上の方法は同様に適用でき，また，慣性系それぞれの上で多数の時計を同期化することができる．

4-3 時間と長さの相対性

前節で，1つの慣性系においては，光を用いて，時計をあわせることにより，同時刻を矛盾なく定義することができることが示された．この節では，異なる慣性系の間では同時刻の概念がどのようになるかを検討する．

同時性 図4-4(a)のように，静止した地面(慣性系S)に対して一定の速さ V で移動している台車(慣性系S')を考える．この台車は，S'の運動方向と平行し

た剛体棒ABに車輪をつけたもので，剛体棒ABの中点Lには発光装置が固定してある．

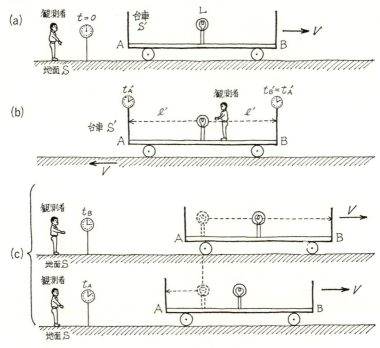

図4-4 時刻をきめる実験．

慣性系S′で観測すれば，発光装置が瞬間的に出した光は点Aと点Bに同時に到達する(図(b))．それは，S′が慣性系であるから光はAに向かってもBに向かっても同じ速さで進み，また発光装置からAまでとBまでの距離は等しいから当然である．

他方でSに静止している観測者が，発光装置からAとBに光が到達するのに要した時間を測定して，それぞれ t_A と t_B であったとする(図(c))．時間 t_A の間にA点は進行方向へ Vt_A だけ移動するから，剛体棒の長さ(Sから見た)の半分を l とすれば，Lを出た光がAに到達するまでに通過した距離は

$$l - Vt_A$$

である．光速不変の原理により，Sにおいても光速は発光装置Lの運動には無

58 **4** 特殊相対性原理

関係に一定の速さ c であるから

$$t_A = \frac{l - Vt_A}{c}$$

となる。この式から t_A を求めると

$$t_A = \frac{l}{c + V} \tag{4.3}$$

となる。同様にして光が B に到達するまでに通過した距離は

$$l + Vt_B$$

となる。したがって

$$t_B = \frac{l + Vt_B}{c}$$

から t_B を求めて

$$t_B = \frac{l}{c - V} \tag{4.4}$$

を得る。これらの式(4.3)と(4.4)からわかるように、S で観測する A と B への光の到達時間は異なることになる。この時間の差は

$$t_B - t_A = \frac{2lV}{c^2 - V^2} = \frac{2l}{c} \frac{V/c}{1 - (V/c)^2} > 0 \tag{4.5}$$

となる。したがって光が A に到達したときには B にはまだ到達していないことがわかる。

この考察からわかるように、S′ では L を出た光が A に到達することと B に到達することとの2つの事象が同時刻におこっているが、他方 S では同じ2つの事象が、不等式(4.5)で示されるように異なる時刻におこっている。このような思考実験から、同時刻というのは絶対的な概念ではなく、慣性系を指定しないと定義することができない、相対的な概念であることがわかる。

棒の長さ　剛体棒の長さは S と S′ でちがって見えることが、次のように示される。まず台車 S′ に静止している観測者にとっては棒は静止しているので、観測者は棒に直接物差しを当てて目盛を読むことによって、棒の長さを測定することができる。この場合は剛体の棒、物差し、観測者の3者は互いに静止し

ているから，測定の時刻は問題にならない．このようにして測定された棒の長さを $2l'$ とする．

ところが，地面 S 上に静止している観測者が，S' とともに移動している上述の棒の長さを測定しようとすると，棒は時間とともに移動していくから，測定の時刻を定める必要がある．この場合，慣性系 S 上にはいたるところに時計を持った観測者がいるものとする．図 4-5(a)のようにあらかじめ指定された S 上の時刻，たとえば $t=0$ に棒の両端が通過した S 上の点を A_S と B_S とし，それぞれしるしをつける．それらのしるし A_S と B_S の距離を物差しで測定した長さ $2l$ が S で測定した棒の長さである．しかし，前述のように相対的に運動している 2 つの慣性系では同時性が異なるから，慣性系 S で見ると棒の両端 A と B は 2 点 A_S と B_S を同時に通過するが，棒が固定されてある慣性系 S' からみると，棒の一端が A_S を通過した時刻と，棒の他端が B_S を通過した時刻とは異なることになる．したがって A と B の間の長さ $2l'$ と A_S と B_S の間の長さ $2l$ とは等しくない．

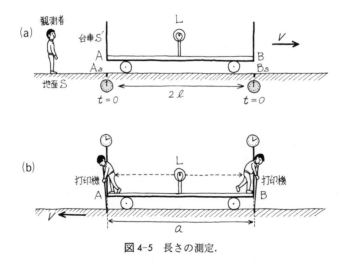

図 4-5 長さの測定．

静止した地面 S の上の観測者が測った棒の長さ $2l$ と，棒といっしょに運動する台車 S' の観測者が測った棒の長さ $2l'$ とを比べるのが，ここの課題である．

60 　　　　　　　　**4** 特殊相対性原理

そこで，l と l' を関係づけるためにもう１つの長さを導入する．そのため，図
4-5(b)のように棒の両端 A と B に打印機をつけておき，棒の中央 L から出た
光が A と B に到着した瞬間に，打印機がはたらいて地面 S の上に A と B の位
置のしるしをつける．これを S で見ると光は時間 t_A と t_B を要して A と B に
達し，光の速さは c であるから，しるしの間の距離を a とすると $a=c(t_A+t_B)$
であり，(4.3)と(4.4)を用いて

$$a = c(t_A+t_B) = \frac{2l}{1-V^2/c^2} \tag{4.6}$$

である．

さて，長さ $2l'$ の棒が速さ V で動いているのを静止した地面 S の上で観測す
ると $2l$ に見えるのであるから，

$$l = kl' \tag{4.7}$$

とおくと，k は速さ V に関係する係数となる．（後にわかるように，動いてい
る棒は縮まって見えるので，k は縮みを表わす係数である．）

他方で，地面 S の上にしるされた長さ a は，棒に静止した S′ で見れば，棒の
長さ $2l'$ にほかならない．運動の相対性により S は S′ に対して速さ V で（逆向
きに）動いていると考えてよく，この観点からすれば，S 上のしるしの間隔 a
は，S′ では（縮まって）$2l'$ になって見えることになる．したがって関係式

$$2l' = ka \tag{4.8}$$

が成立するわけである（k は速度 V を逆向きにしても変わらないはずである）．

ゆえに，(4.8)，(4.6)，(4.7)により

$$2l' = ka = \frac{2kl}{1-V^2/c^2} = \frac{2k^2 l'}{1-V^2/c^2}$$

よって

$$k = \sqrt{1-\frac{V^2}{c^2}} \tag{4.9}$$

となる．ここで $V=0$ のとき $k=1$ であることを考慮して k の符号をきめた．

したがって，(4.7)により

4-3 時間と長さの相対性

$$2l = 2l'\sqrt{1-\frac{V^2}{c^2}} < 2l' \tag{4.10}$$

すなわち，速さ V で運動している長さ $2l'$ の棒を静止した系で観測すると縮まって $2l$ の長さに見える．これが 3-4 節で述べたローレンツ収縮である．

時間の長さ 時間も慣性系によって異なる．図 4-6 のように棒の中央から光を出し，これが一端 A(B でも同じ) においた鏡で反射されて中央へ戻るに要する時間を S′ 系で $\Delta t'$ とすると

$$\Delta t' = \frac{2l'}{c} \tag{4.11}$$

である．この現象を S 系で観測した時間を Δt とすると，これは明らかに $t_A + t_B$ に等しく，(4.6) により，

$$\Delta t = t_A + t_B = \frac{2l/c}{1-V^2/c^2} \tag{4.12}$$

したがって

$$\frac{\Delta t'}{\Delta t} = \frac{l'}{l}\left(1-\frac{V^2}{c^2}\right) \tag{4.13}$$

これに (4.10) を代入すれば

$$\Delta t' = \Delta t\sqrt{1-\frac{V^2}{c^2}} < \Delta t \tag{4.14}$$

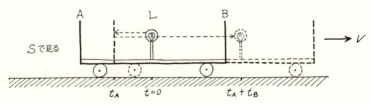

図 4-6 時間の比較．

を得る．すなわち，運動している系で測った時間は，静止している系で測った時間よりも小さい．いいかえれば，<u>運動している時計はゆっくり進む</u>のである．

ローレンツ変換

特殊相対性原理と光速不変の原理にもとづいて2つの慣性系相互の座標変換の公式を求めると，ローレンツがマイケルソン-モーレーの実験などを説明するために考えたローレンツ変換と，全く同じ公式が得られる．この章では慣性系の間のローレンツ変換の性質のみから導びかれる結論を述べる．

5–1　ローレンツ変換

ガリレイ変換(2.14)は光速不変の原理をみたさないことが明らかになったので，修正する必要がある．簡単のために，2つの慣性系の相対速度 $\boldsymbol{V}$ を，$V_x=V$，$V_y=V_z=0$ として空間的に1次元の運動を考える．すなわち，2つの慣性系 S と S′ の座標軸は平行で，$t=t'=0$ のとき両方の座標の原点は一致しており，S′ は S の x 軸の正の方向へ，図 5-1 のように大きさ V の相対速度で移動しているとする．

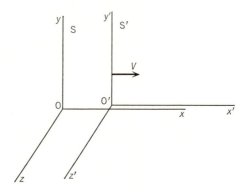

図 5-1　大きさ V の相対速度をもつ2つの慣性系．

慣性系は力の作用を受けていない物体が等速直線運動をすることで特徴づけられている．等速直線運動は座標と時間の間の線形(1次)関係式であたえられる．ガリレイ変換(2.14)は互いに等速直線運動をしている慣性系の間の空間座標と時間の線形変換である．われわれの場合も，ガリレイ変換を一般化した線形変換を考える．すなわち

$$(x',y',z',t') \text{ は } (x,y,z,t) \text{ の1次関数} \tag{5.1}$$

であるとする．光速不変の原理のもとでは，時間も慣性系ごとに定める必要がある．そこで，事象を記述するには，慣性系ごとに直交座標 (x,y,z) と時間 t の4つの値を定める必要がある．この4変数 (x,y,z,t) を**時空座標**(space-time coordinate)と呼ぶことにする．また時空座標であらわされる4次元空間の点

を **世界点**(world point)または**時空点**(space-time point)とよぶ．

　光速不変の原理のもとでは，時間も空間も絶対的なものではないから，そのことに気をつけて考察する．まず y 座標について考える．慣性系 S で y が一定の点は xz 平面に平行な面上にある．この面を S′ でみても $x'z'$ 平面に平行であると考えてよい．したがって y 軸に平行におかれた物差しの長さが変化したとしても，その比は V のみの関数で，比例定数を $a(V)$ とすると

$$y' = a(V)y \qquad (5.2)$$

と書ける．ところで，S′ から S をみると，S′ の座標系の x' 軸の負の方向へ速度 V で S が移動している(図 5-2)．そこで 2 つの座標系で，それぞれ y 軸と y' 軸を回転軸として，180°の回転を行なう．座標変換はそれぞれ

$$\bar{x} = -x, \qquad \bar{y} = y, \qquad \bar{z} = -z \qquad (5.3)$$

および

$$\overline{x'} = -x', \qquad \overline{y'} = y', \qquad \overline{z'} = -z' \qquad (5.4)$$

となる．この新しい座標系によると，S は S′ の座標系の $\overline{x'}$ 軸の正の方向へ，大きさ V の相対速度で移動していることになる．この事情は，もとの座標系を用いて S から S′ をみた場合と同じになる．したがって (5.2) と同じ形の関係式

$$\bar{y} = a(V)\overline{y'} \qquad (5.5)$$

を得る．変換 (5.2) に (5.3), (5.5), (5.4) の順に代入すると

$$y' = a(V)y = a(V)\bar{y} = (a(V))^2 \overline{y'} = (a(V))^2 y'$$

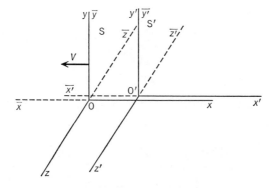

図 5-2　慣性系 S′ から S をみる．

となる．この式の最左辺と最右辺を比較すると

$$(a(V))^2 = 1$$

を得る．したがって $a(V)$ は V に無関係な定数となるが，$a(V) = \pm 1$ の不定さが残る．これは次のようにして簡単にきめられる．すなわち，$V = 0$ のときは恒等変換になるから (5.2) は $y = a(0)y$ となる．よって

$$a(V) = 1$$

を得る．したがって S の座標 y の点は S$'$ の座標 y' の点になり

$$y' = y \qquad (5.6)$$

を得る．同様にして

$$z' = z \qquad (5.7)$$

を得る．

つぎに x 座標と x' 座標の間の関係を考察しよう．われわれの仮定では，$t = t' = 0$ のとき S の座標と S$'$ の座標の原点は一致している．そして S の x 軸の正の方向へ速さ V で S$'$ が等速直線運動をしている．したがって S$'$ の座標の原点，すなわち $x' = y' = z' = 0$ の点の，S から見た x 座標は

$$x = Vt \qquad (5.8)$$

で与えられる．このことと (5.1) から，S$'$ の x' 座標は変換

$$x' = b(V)(x - Vt) \qquad (5.9)$$

で与えられることがわかる．実際，(5.9) で $x' = 0$ とおくと (5.8) が得られる．ここで $b(V)$ は相対的な速さ V のみの関数である．慣性系 S$'$ と S の立場をとりかえ，変換 (5.3) と (5.4) を行なってみると，(5.9) を導いた場合と同じ事情になるから，

$$\bar{x} = b(V)(\overline{x'} - Vt')$$

という変換式を得る．この式に (5.3) と (5.4) を代入して変形すると

$$x = b(V)(x' + Vt') \qquad (5.10)$$

を得る．(5.10) に (5.9) を代入して，t' について解くと

$$t' = b(V)t - \frac{(b(V))^2 - 1}{b(V)V}x \qquad (5.11)$$

となる.

ここで光速不変の原理を用いて $b(V)$ の関数形を求める. 慣性系 S と S′ は真空中にあるものとする. 時刻 $t=t'=0$ に原点 O＝O′ にあった発光体が光を発したとする. 光速不変の原理により, 真空中の光の速さは光源の運動状態には無関係であるから, 発光体は S 上にあるとしても, S′ 上にあるとしても, どちらでもよい. 光の先端は, S でみると時間 t ののちには, 原点 O を中心とする半径 ct の球面上にある. この球面上の1点の座標を (x, y, z) とすると, それは球面の方程式

$$x^2 + y^2 + z^2 - c^2 t^2 = 0 \tag{5.12}$$

をみたす. したがって x 軸の正の方向へ進んだ光の先端の x 座標は

$$x = ct \tag{5.13}$$

となる.

一方この光を S′ で観察すると, 時間 t' ののちに, 光の先端は原点 O′ を中心とする半径 ct' の球面上に達するから, この球面上の1点の座標を (x', y', z') とすると, 球面の方程式

$$x'^2 + y'^2 + z'^2 - c^2 t'^2 = 0 \tag{5.14}$$

を得る. したがって, x' 軸の正の方向へ進んだ光の先端の x' 座標は

$$x' = ct' \tag{5.15}$$

となる.

簡単のため, x 軸上で考え, 光の先端が, S と S′ の共通の x 軸＝x' 軸上の空間の1点に到達したとする. その点の原点からの距離が S では x, S′ では x' である. またそのときの時刻を S では t, S′ では t' であるとする. そのとき, x, t と x', t' との間には (5.9) と (5.11) で与えられる関係式が成り立つ. 式 (5.15) に (5.9) と (5.11) を代入し, さらに x を (5.13) により消去すると $b(V)$ が求まり,

$$b(V) = \frac{\pm 1}{\sqrt{1 - V^2/c^2}}$$

を得る. 複号は, $V=0$ のとき (5.9) が恒等式となることから定まり

68 **5** ローレンツ変換

$$b(V) = \frac{1}{\sqrt{1 - V^2/c^2}} \tag{5.16}$$

を得る. いまは簡単のため x 軸上で考えたが, y 座標, z 座標については (5.6),
(5.7) により $y=y'$, $z=z'$ である. これを用いれば (5.12), (5.14) と (5.11) を用
いて, やはり (5.16) が導かれる (各自たしかめよ).

(5.16) を (5.9) と (5.11) に代入して

$$x' = (x - Vt)/\sqrt{1 - V^2/c^2}$$
$$t' = (t - Vx/c^2)/\sqrt{1 - V^2/c^2}$$

を得る. これらの式と (5.6), (5.7) をまとめて, ある事象の S と S' における時
空座標の変換公式として

$$
\begin{aligned}
x' &= \frac{x - Vt}{\sqrt{1 - V^2/c^2}} \\
y' &= y \\
z' &= z \\
t' &= \frac{t - Vx/c^2}{\sqrt{1 - V^2/c^2}}
\end{aligned}
\tag{5.17}
$$

を得る. これらの式を x, y, z, t について解くと, 逆変換の式

$$
\begin{aligned}
x &= \frac{x' + Vt'}{\sqrt{1 - V^2/c^2}} \\
y &= y' \\
z &= z' \\
t &= \frac{t' + Vx'/c^2}{\sqrt{1 - V^2/c^2}}
\end{aligned}
\tag{5.17$'$}
$$

を得る. 逆変換 (5.17$'$) は (5.17) においてプライムをつけかえ, V を $-V$ にお
きかえて得られる. このことは S 系と S' 系の関係は相対的運動の方向が反対
向きであることを除けば, 互いに同等であることを意味している.

変換の式 (5.17) と (5.17$'$) は 3-4 節で述べたように, アインシュタインとは異
なる考え方から, ローレンツが最初に導入した. このため, これらの変換公式
は**ローレンツ変換** (Lorentz transformation) とよばれている.

5–1 ローレンツ変換

ガリレイ変換とローレンツ変換との相違は V/c という量であらわされている. 変換公式(5.17)で $V/c=0$ とおくと, ガリレイ変換(2.14)で $V_x=V$, $V_y=V_z=0$ とおいたものが得られる. 光速 c はわれわれが日常経験する速さ V に比べてたいへん大きいので, V/c は非常に小さくなる. いわゆる古典力学で扱われる範囲では, $c=\infty$, $V/c=0$ とおいたガリレイ変換がよい精度で成立している. しかしながら原子核や素粒子の実験では光速に近い粒子を取り扱うので, 特殊相対性理論の効果が基本的に重要になってくる.

ローレンツ変換(5.17)は, t のかわりに長さの次元をもった量 ct を使うと, x と ct に対して同じ形の式になる. すなわち

$$x' = \frac{x-(V/c)(ct)}{\sqrt{1-V^2/c^2}}, \quad ct' = \frac{ct-(V/c)x}{\sqrt{1-V^2/c^2}} \quad (5.18)$$

となる. この形の変換を, 慣性系 S の ct を縦軸に, x を横軸にして図示すると図 5–3(a)のようになる(82 ページの図参照). 変換された ct' 軸と x' 軸の軌跡は(5.18)でそれぞれ $x'=0$ と $ct'=0$ とおいて得られる式 $x=(V/c)(ct)$ および $ct=(V/c)x$ で与えられる. したがって, もとの座標軸と変換された座標軸とのなす 2 種類の角は等しくなる. その角を θ とすると

$$\tan \theta = V/c$$

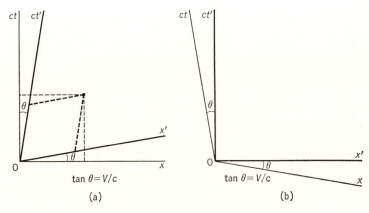

図 5–3 (a)ローレンツ変換と(b)ローレンツ逆変換.

となる．この図の S' の座標系をみると直交座標になっていない．この空間で
は x 座標と ct 座標の間でピタゴラスの定理が成り立たないので，x 軸と ct 軸
のなす角度は特に意味をもっていない．そこで，x 軸と ct 軸のなす角を直角と
するかわりに，図 5-3(b) のように x' 軸と ct' 軸のなす角を直角としてもよい．
そのほうがローレンツの逆変換 (5.17') をあらわすのには便利である．

5-2 世界距離

空間座標の原点 $x=y=z=0$ を $t=0$ に出発した光の先端が t 秒後に到達する
点の座標の方程式，すなわち光の球面波の式は (5.12)，すなわち

$$x^2+y^2+z^2-c^2t^2 = 0 \qquad (5.19)$$

である．ローレンツ変換はこの式が任意の慣性系において成り立つことを要請
して求められた．この式の左辺は，前節のはじめに導入した時空座標という概
念で考えると，原点の時空座標 $(0,0,0,0)$ と，光の先端の世界点の時空座標
(x, y, z, t) の差の関数である．一般に，2 つの世界点 P と Q の時空座標 $(x_1,
y_1, z_1, t_1)$ と (x_2, y_2, z_2, t_2) の差の関数として

$$s_{12}{}^2 = (x_2-x_1)^2+(y_2-y_1)^2+(z_2-z_1)^2-c^2(t_2-t_1)^2 \qquad (5.20)$$

という量を考える．この式は，3 次元空間の 2 点間の距離の 2 乗をピタゴラス
の定理を使ってあらわした

$$r_{12}{}^2 = (x_2-x_1)^2+(y_2-y_1)^2+(z_2-z_1)^2$$

を，時間差の 2 乗を含めて拡張した形になっている．ここで，一般に時空座標
で表わされる 2 つの世界点を結ぶ曲線を**世界線** (world line) とよぶ．物体が等
速直線運動をするときの世界線は $d\boldsymbol{r}/dt=\boldsymbol{v}=$ 定数 であるから，直線となる．
すなわち，空間的に x 方向への 1 次元の速さ v の等速直線運動は x を横軸，ct
を縦軸にした図で x_1, t_1 を定数，x_2, t_2 を変数と考えれば，

$$x_2-x_1 = v(t_2-t_1) = (v/c)(ct_2-ct_1)$$

で表わされる直線となる．そこで (5.20) で表わされる量を，2 つの世界点 P$(x_1,$

y_1, z_1, t_1) と $Q(x_2, y_2, z_2, t_2)$ の間の**世界距離**(world distance)s_{12} の2乗と定義する．そして，距離を(5.20)で定義した空間は**ミンコフスキーの世界**(Minkowski world)とよばれている．

時空座標 (x_i, y_i, z_i, t_i), $(i=1, 2)$ にローレンツ変換(5.17)を行なったとき，世界距離の2乗は慣性系によらない不変な形である．すなわち

$$s_{12}'^2 = (x_2'-x_1')^2+(y_2'-y_1')^2+(z_2'-z_1')^2-c^2(t_2'-t_1')^2$$
$$= (x_2-x_1)^2+(y_2-y_1)^2+(z_2-z_1)^2-c^2(t_2-t_1)^2 = s_{12}^2 \quad (5.21)$$

となることがわかる(各自たしかめよ)．

光の波面の式(5.19)で時空座標の原点を (x_1, y_1, z_1, t_1) にうつして考え，$x_2-x_1=x$, $y_2-y_1=y$, $z_2-z_1=z$, $t_2-t_1=t$ と書くと，光の波面に対して成立する式 $(x_2-x_1)^2+(y_2-y_1)^2+(z_2-z_1)^2-c^2(t_2-t_1)^2=0$ を得るから，(5.20)により光に対しては $s_{12}=0$ が成り立つことになる．したがって，2つの世界点 $P(x_1, y_1, z_1, t_1)$ と $Q(x_2, y_2, z_2, t_2)$ を光が通過する場合には，$s_{12}=0$ である．いいかえれば光で結ばれる2点の間の世界距離は0である．またこのとき，$P(x_1, y_1, z_1, t_1)$ を固定して $Q(x_2, y_2, z_2, t_2)$ を変数とみなすと，方程式

$$s_{12}^2 = (x_2-x_1)^2+(y_2-y_1)^2+(z_2-z_1)^2-c^2(t_2-t_1)^2 = 0 \quad (5.22)$$

は4次元空間内の超円錐の方程式となる．この円錐を**光円錐**または**光錐**(light

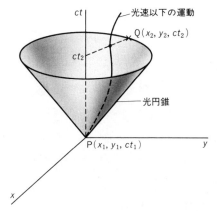

図 5-4 光円錐．

cone)という．平面内に 4 次元の図を描くことはできないから，xy 面内に光が広がる場合に縦軸を ct 軸として図示すると図 5-4 のようになる．

世界距離は 3 次元空間の距離の定義とは異なり，上述のように，光で結ばれる 2 点の間の世界距離は 2 点が空間的に離れていても 0 である．また世界距離の 2 乗は正の値をとることも負の値をとることもある．後者の場合，世界距離 s_{12} は純虚数になる．図 5-5 で，慣性系 S′ に固定した棒の長さを S′ で時刻 $t_1' = t_2'$ に測定し，その両端 A と B の空間座標を (x_1', y_1', z_1') と (x_2', y_2', z_2') とすると，その世界距離は，A と B の S の座標の値をそれぞれ (x_1, y_1, z_1, t_1) と (x_2, y_2, z_2, t_2) として

$$s_{12}{}^2 = (x_2-x_1)^2+(y_2-y_1)^2+(z_2-z_1)^2-c^2(t_2-t_1)^2$$
$$= (x_2'-x_1')^2+(y_2'-y_1')^2+(z_2'-z_1')^2 > 0 \qquad (5.23)$$

となる．このときは s_{12} は実数である．

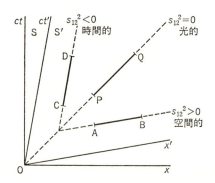

図 5-5 世界距離の分類．

一方，慣性系 S′ の空間の一点に静止している時計を考えると，空間座標は時間が経過しても変化しないから $x_2'=x_1'$, $y_2'=y_1'$, $z_2'=z_1'$ となる．したがって時計が時刻 t_1' を示す世界点 C と t_2' を示す世界点 D との世界距離の 2 乗は，C と D の S の座標の値をそれぞれ (x_1, y_1, z_1, t_1) と (x_2, y_2, z_2, t_2) として

$$s_{12}{}^2 = (x_2-x_1)^2+(y_2-y_1)^2+(z_2-z_1)^2-c^2(t_2-t_1)^2$$
$$= -c^2(t_2'-t_1')^2 < 0 \qquad (5.24)$$

となる．このときは s_{12} は純虚数である．

世界距離はローレンツ変換に対して不変な量であるから，世界距離の 2 乗が

正，負または 0 であるという性質は，ローレンツ変換によって互いにうつりかわることのない，ローレンツ不変な概念である．そこで世界距離の 2 乗が正，負または 0 であることによって分類し，それぞれの場合の世界距離（あるいは 2 点の関係）を**空間的** (space-like)，**時間的** (time-like) および**光的** (light-like) であるという．すなわち

$$s_{12}{}^2 = (x_2-x_1)^2+(y_2-y_1)^2+(z_2-z_1)^2-c^2(t_2-t_1)^2 \begin{cases} > 0 & \text{（空間的）} \\ < 0 & \text{（時間的）} \\ = 0 & \text{（光的）} \end{cases}$$

(5.25)

とする．光速以下の運動はつねに時間的である．

微小な世界距離の 2 乗は，微分を使って

$$\boxed{ds^2 = dx^2+dy^2+dz^2-c^2dt^2}$$

(5.26)

とあらわされる．

固有時間　慣性系 S′ に静止している時計における 2 つの世界点 $t_1{}'$ と $t_2{}'$ の間の世界距離は，(5.24) により

$$s_{12}{}^2 = s_{12}{}'^2 = -c^2(t_2{}'-t_1{}')^2$$

となる．この式の左辺はローレンツ変換のもとで不変な量であるから，右辺の $t_2{}'-t_1{}'$ もローレンツ変換のもとで不変な量である．このように時計に対して相対的に静止している慣性系 S′ で測定した経過時間 $t_2{}'-t_1{}'$ は，時計に固有な時間であるので，**固有時間** (proper time) という．固有時間に対して，時計に対して静止していない一般の慣性系で世界点 (x, y, z, t) を表わす時間座標としての時間 t の間隔を t_2-t_1 とすると，(5.24) から

$$c^2(t_2-t_1)^2 = c^2(t_2{}'-t_1{}')^2+(x_2-x_1)^2+(y_2-y_1)^2+(z_2-z_1)^2$$

したがって

$$c^2(t_2-t_1)^2 \geqq c^2(t_2{}'-t_1{}')^2$$

という関係式を得る．この時間 t_2-t_1 は採用する座標系によってちがうので，**座標時間** (coordinate time) とよばれる．

74   **5** ローレンツ変換

固有時間を変数 τ であらわすと

$$\tau_{12}{}^2 = -s_{12}{}^2/c^2 \tag{5.27}$$

とかける．特に光に対しては $s_{12}=0$ であるから，光の固有時間は $\tau_{12}=0$ である．いいかえれば，光と共に進む座標系では時間は経過しない．

光速以下の運動，すなわち世界距離が時間的な場合は，(5.27) と (5.24) を比べてみるとわかるように，$\tau_{12}{}^2$ は正となる．したがって τ_{12} は実数となるが，そのときの τ_{12} の正負を t_2-t_1 の正負で定めることにする．すなわち

$$\begin{cases} t_2-t_1 > 0 \text{ のとき} \\ \tau_{12} = \sqrt{(t_2-t_1)^2-(1/c^2)\{(x_2-x_1)^2+(y_2-y_1)^2+(z_2-z_1)^2\}} \end{cases} \tag{5.28}$$

とする．微小距離のときには

$$d\tau = \sqrt{(dt)^2-(1/c^2)(dx^2+dy^2+dz^2)}$$

すなわち

$$\boxed{d\tau = dt\sqrt{1-v^2/c^2}} \tag{5.29}$$

とあらわされる．ここで

$$v^2 = \left(\frac{dx}{dt}\right)^2+\left(\frac{dy}{dt}\right)^2+\left(\frac{dz}{dt}\right)^2$$

とおいた．

時空座標であらわされるミンコフスキーの世界の4次元空間では，世界距離が互いに時間的である3時空点 P_1, P_2, P_3 の固有時間に関して，ユークリッド空間のときと比べて逆向きの3角不等式が成り立つことを証明できる(95 ページを参照せよ)．すなわち

$$t_1 < t_2 < t_3 \tag{5.30}$$

のときに，不等式

$$\tau_{13} \geqq \tau_{12}+\tau_{23} \tag{5.31}$$

が成り立つ．これをミンコフスキーの不等式という．4次元時空内の3角形は平面図形であるから，座標系を適当にとると，x 軸と ct 軸でつくられる平面内で考えることができ，図5-6のようにかける．等号は3つの時空点 P_1, P_2, P_3 が同一の直線世界線上にあるときにのみ成り立つ．

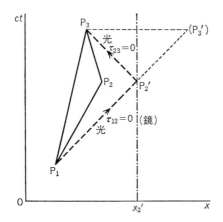

図 5-6 時間的世界距離の固有時間．実線は
時間的世界線，破線は光的世界線である．

時間的まわり道の極限として光的世界線をたどれば，固有時間は 0 となる．このような経路としては，たとえば図 5-6 のように x 軸上に鏡を置いておいたと考えたとき，P_1 を出た光が反射されて P_3 に到達するように途中の点 $P_2'(x_2', t_2')$ を選べばよい．このような光の道に対しては (5.31) 式の右辺は 0 になり，図 5-6 の他の経路についてはこの不等式が成り立つことが理解できるであろう．

光速以下の運動の曲線はつねに時間的である．上に述べた 3 角不等式を一般化すると，点 P_1 から点 P_3 までの直線をたどるよりも，曲線をたどって P_1 から P_3 へ到達する方が固有時間の総計は少なくなることがわかる．それを示すには，曲線の折線近似をして，各小 3 角形についての 3 角不等式を積み重ねればよい．

5-3 運動している時計の遅れ

さきに 4-3 節で説明した時計のおくれを解析的に調べよう．慣性系 S に固定されている時計と，S に対して速度 V で移動している慣性系 S′ に固定されている時計との進み方の比較をしてみる．座標系は図 5-1 の場合と同様に $t=t'=0$ のとき一致していて，S′ は S の x 軸の正の方向へ進むものとする．図 5-7

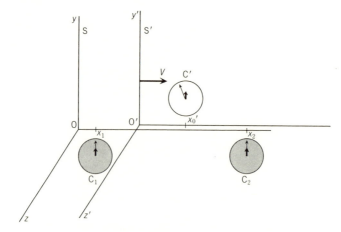

図 5-7 運動している時計.

のように慣性系Sの x 軸上の2点 x_1 と x_2 にそれぞれ時計 C_1 と C_2 が置かれており，それらは光の信号を使ってあわせてあるとする．慣性系S′の x' 軸上の1点 x_0' には時計C′が固定されている．慣性系S′上の点 x_0' がS上の点 x_1 を通過する瞬間に C_1 とC′の示す時刻をそれぞれ t_1 と t_1' とする．それらの時刻は，ローレンツ変換(5.17′)の第4式により

$$t_1 = \frac{t_1' + Vx_0'/c^2}{\sqrt{1-V^2/c^2}} \tag{5.32}$$

という関係式をみたしている．つぎに x_0' が x_2 を通過するときの C_2 とC′の示す時刻を t_2 と t_2' とすると，同様にして

$$t_2 = \frac{t_2' + Vx_0'/c^2}{\sqrt{1-V^2/c^2}} \tag{5.33}$$

となる．慣性系S′の1点 x_0' がSの2点 x_1 と x_2 の間を通過するのに要する時間をSの時計で測定すると Δt であり，S′の時計で測定すると $\Delta t'$ であるとする．それらは，$\Delta t = t_2 - t_1$ と $\Delta t' = t_2' - t_1'$ で与えられる．これらの時間の間の関係を(5.32)と(5.33)から求めると

$$\Delta t = t_2 - t_1 = \frac{t_2' + Vx_0'/c^2 - t_1' - Vx_0'/c^2}{\sqrt{1-V^2/c^2}} = \frac{t_2' - t_1'}{\sqrt{1-V^2/c^2}}$$

すなわち

5-3 運動している時計の遅れ   77

$$\Delta t = \frac{\Delta t'}{\sqrt{1 - V^2/c^2}}$$ (5.34)

を得る．これは(4.14)と同じことを表わしている．

関係式(5.34)で$\sqrt{1 - V^2/c^2} < 1$であるから，不等式

$$\Delta t > \Delta t'$$

が導かれる．すなわちSに対して速度Vで動いている時計は，Sの時計にくらべてゆっくり進んでいることになる．このように時間の進み方は慣性系によって異なり，時計の動く速さVの関数になる．ここで注意を必要とするのは，$\Delta t'$は同一の時計C$'$で測定された時間であるが，Δtは慣性系S上の異なる場所に置かれた2個の時計C_1とC_2で測定されていることである．すなわち$\Delta t'$は時計C$'$の固有時間であるが，Δtは座標を指定してはじめて定められる座標時間である．固有時間の定義(5.28)と(5.24)によれば

$$\Delta \tau = \Delta t' = \sqrt{(\Delta t)^2 - (1/c^2)(x_2 - x_1)^2}$$
$$= \Delta t \sqrt{1 - \frac{1}{c^2}\left(\frac{x_2 - x_1}{t_2 - t_1}\right)^2}$$
$$= \Delta t \sqrt{1 - V^2/c^2}$$

となる．これは(5.34)をかきかえた式になっている．

例題1 光速を測定するために工夫されたフィゾーやフーコーの装置は，光速が知られている場合に時間を測定する時計であると考えることができる．この装置と光速度不変の原理から運動している時計の遅れを導け．

[解] 慣性系S$'$に固定された，y'方向に光を往復させる装置を考える．図5-8(a)のように光源Lを$y'=0$の点に置き，$y'=l$の位置に反射鏡Mが置いてあるとする．慣性系S$'$で，光がこの装置を往復する時間を$\Delta t'$とすると，光速をcとして

$$\Delta t' = 2l/c$$

となる．ここでS$'$は慣性系Sに対しx方向に速度Vで動いているとし，この現象をSから観測する．図5-8(b)で示すように，光がLを出て鏡Mに到達する時間をSで測って$\Delta t/2$とすると，その間に鏡Mは$V\Delta t/2$だけx軸の正方向

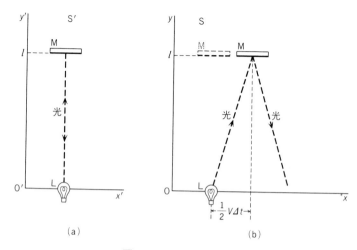

図 5-8 光を使った時計.

へ移動する(このとき y 座標は(5.6)で示されるように不変であるから,鏡 M の y 座標は $y=y'=l$ である). したがって S で観測するとき,光が L から M に到達するまでに進む距離は,ピタゴラスの定理により

$$\sqrt{l^2+(V\Delta t/2)^2}$$

である.光の速さは光源の運動に無関係であるから,S でも c である.したがって

$$\Delta t/2 = \sqrt{l^2+(V\Delta t/2)^2}/c$$

となる.この式を Δt について解くと,$\Delta t>0$ であるから符号が定まり

$$\Delta t = \frac{2l/c}{\sqrt{1-V^2/c^2}} = \frac{\Delta t'}{\sqrt{1-V^2/c^2}}$$

となる.この関係式は(5.34)と同じものである.

5-4 運動している物体の収縮

さきに 4-3 節で説明したように,運動している物体は縮んで観測される.これを解析的に調べよう.簡単のために空間は x 軸のみの1次元で考えると,時

5-4 運動している物体の収縮

空をあらわす座標とローレンツ変換は図5-3のようにあらわされる．この図で，Sの空間座標の原点に固定された物体が時間が進むにつれて描く世界線は，ct軸上の直線である．また慣性系Sに対してx軸の正方向へ速さVで移動している慣性系S′の空間座標の原点に固定された物体の描く世界線はct'軸上の直線である．一般にSに固定された物体の描く世界線はct軸に平行な直線で，S′に固定された物体の描く世界線はct'軸に平行な直線である．慣性系Sで定義される同時刻は$ct=$一定，すなわちx軸に平行な直線上の点であらわされる．慣性系S′で定義される同時刻は$ct'=$一定，すなわちx'軸に平行な直線上の点であらわされる（図5-9）．

いま長さl_0の直線状の棒をS′の空間座標のx'軸上に固定して，両端の位置をA及びBとする．点Aのx'座標をx_1'，点Bのx'座標をx_2'とすると，棒はx'軸上に固定されているのであるからx_1'とx_2'は定数である．したがって上述のように，AとBの描く世界線はct'軸に平行な直線で図5-9のようにあらわされる．またそれらの直線の方程式は，(5.17)の第1式の左辺を定数において，それぞれ

$$x_1' = \frac{x_1 - Vt_1}{\sqrt{1 - V^2/c^2}}, \qquad x_2' = \frac{x_2 - Vt_2}{\sqrt{1 - V^2/c^2}} \qquad (5.35)$$

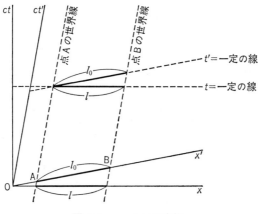

図 5-9　ローレンツ変換．

となる. ここで x_i' は定数であるが, x_i, t_i $(i=1, 2)$ は変数である. 棒の両端の S系における x 座標は時間 t_i が変化するのにつれて, 式

$$x_i = Vt_i + \sqrt{1-V^2/c^2}\,x_i' \tag{5.36}$$

に従って変化する. 慣性系 S$'$ の観測者が棒の長さを測定するときには, 物差しを直接棒にあてて測定できるから, 時間に関係なく, いつでも長さは

$$l_0 = x_2' - x_1' \tag{5.37}$$

で与えられる. 座標系に静止した時計がきざむ時間を固有時間といったのに対して, l_0 は**固有長さ**といってよいものである.

一方, 慣性系 S から, S$'$ 上に固定された棒の長さを測定しようとすると, 棒の両端は方程式(5.36)に従って移動するので, 時刻を指定して測定する必要がある. 具体的な測定の方法は, たとえば4-3節の終りの方で述べたようなことを考えればよい. 測定の時刻を $t_1 = t_2 = t$ として(5.36)に代入し, 慣性系 S で測定した棒の長さを l とすると

$$
\begin{aligned}
l &= x_2 - x_1 \\
&= Vt + \sqrt{1-V^2/c^2}\,x_2' - Vt - \sqrt{1-V^2/c^2}\,x_1' \\
&= \sqrt{1-V^2/c^2}\,(x_2' - x_1')
\end{aligned}
$$

となる. この式に(5.37)を代入すると

$$\boxed{l = l_0\sqrt{1-V^2/c^2} < l_0} \tag{5.38}$$

となる. これはすでに得た(4.10)と同じ内容の式であり, ローレンツ収縮を表わす. すなわち速さ V で動いている棒の長さは, 進行方向に(5.38)の割合いで縮むことになる.

運動方向に対して垂直に慣性系 S$'$ に固定されている棒, すなわち $y'z'$ 面内に固定された棒は S で観測しても収縮はおこらない. そのことはローレンツ変換(5.17)の第2と第3の式で y および z 座標は不変なことからわかる. したがって3次元的物体を考えると, 運動方向にのみローレンツ収縮がおこり, それに垂直な2方向には収縮しない. そこで S$'$ に固定されている物体の体積を Ω_0 としたとき, その物体の体積を S で測定して Ω であったとすると

5-4 運動している物体の収縮

$$\Omega = \Omega_0\sqrt{1-V^2/c^2} \qquad (5.39)$$

という関係式を得る．

例題1 運動している物体のローレンツ収縮を，運動している時計の遅れの現象を用いて説明せよ．

［解］ こういう場合は図5-7と同じ装置を考える．慣性系S上の時計C_1のx座標をx_1，時計C_2のx座標をx_2とすれば，S上で測った2点間の距離l_0は

$$l_0 = x_2 - x_1$$

である．

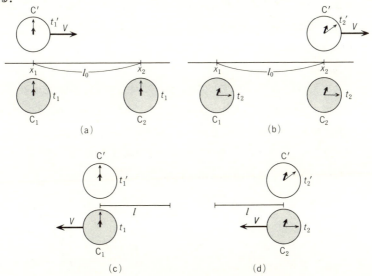

図5-10 時計によるローレンツ収縮の測定．

さて，Sに対し速さVでxの正の向きに運動しているS′上の時計C′のところにいる観測者が図5-10(a)のように，時計C_1の置かれている点を通過してから，図5-10(b)のように時計C′が時計C_2の置かれている点を通過するまでの時間$\Delta t'=t_2'-t_1'$を測定する．この時間をSで測定した値$\Delta t=t_2-t_1$とS′で測定した値$\Delta t'$の間の関係は，式(5.34)から

$$\Delta t' = \Delta t\sqrt{1-V^2/c^2} \qquad (5.40)$$

となる．この出来事をSで考えると，距離l_0の間を時計C′が速さVで通過す

ミンコフスキーの世界の図における長さの単位

基準系Sにおける (x, ct) 面では，原点からの世界距離が1の軌跡は $x^2-c^2t^2=1$ で与えられる．これは下の図(a)のように $t=0, x=1$ を通る双曲線である．S系に対して速度 V で動いている S′系は斜交軸系 (x', ct') で表わされる．ローレンツ変換 S→S′ において $x^2-c^2t^2$ は不変であるから，この双曲線はそのままで $x'^2-c^2t'^2=1$ をも表わしている．したがって長さの単位は図のようにS系とS′系で異なる．図には $x^2-c^2t^2=4$ $(x'^2-c^2t'^2=4)$ も示してある．

このミンコフスキーの世界の図はローレンツ収縮を幾何学的に与える．S′系に固定された長さ $l_0=1$ の棒の一端（図5-9のA）が原点にあるとすると，他端の世界線は下図(b)でBを通り ct' 軸に平行な直線（双曲線に接する）BCで与えられ，図で $l=\overline{AC}=\overline{AC'}$ がS系で見た棒の長さである．

時間の長さの単位についても同様な幾何学的考察ができる．

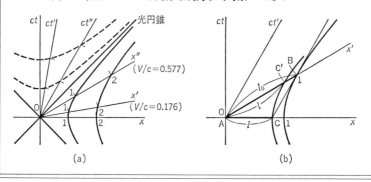

るのだから

$$\Delta t = l_0/V \tag{5.41}$$

である．一方慣性系 S' にいる観測者にとっては，S 系は x' の負の向きに速さ V で運動していて，図 5-10(c)のように S に固定された時計 C_1 が通過してから，時間 $\Delta t'$ ののちに，図 5-10(d)のように同じく S に固定された時計 C_2 が通過するわけであるから，C_1 と C_2 の間の距離 l は

$$l = V\Delta t' \tag{5.42}$$

であると判断する．式(5.42)に(5.40)と(5.41)を順を追って代入すると

$$l = V\Delta t\sqrt{1-V^2/c^2}$$
$$= l_0\sqrt{1-V^2/c^2} < l_0$$

となり，(5.38)と同じ式が得られる． ▌

5-5 速度の変換

ガリレイ変換から導かれる速度の変換の公式(2.15)は，光速不変の原理をみたしておらず，相対性理論では成り立たない．ローレンツ変換を行なったときに，物体の速度がどのように変換されるのか，その関係式を見出すことにする．

慣性系 S と S' の座標軸は平行で，S' は S の x 軸の正の方向へ速さ V で移動しているとする．物体の運動を慣性系 S で観測するときの，ある時刻 t における物体の速度を

$$v = \frac{dr}{dt}$$

とする．ガリレイ変換のときには，分子の dr のみが変換を受け，dt は不変であった．しかしローレンツ変換の場合には，(5.17)から明らかなように，時間も変換を受けるので，分母 dt も変換を受けることになる．(5.17)から，微分の変換を成分ごとに求めると

$$dx' = \frac{dx - Vdt}{\sqrt{1-V^2/c^2}}$$

$$dy' = dy$$

$$dz' = dz$$

$$dt' = \frac{dt - (V/c^2)dx}{\sqrt{1 - V^2/c^2}}$$

となる．慣性系 S′ で観測するときの粒子の速度を $\boldsymbol{v}' = d\boldsymbol{r}'/dt'$ とかくと，その成分の間の変換の公式は $d\boldsymbol{r}' = (dx', dy', dz')$ の各成分を dt' でわれば求められる．たとえば上式から

$$\frac{dx'}{dt'} = \frac{dx - Vdt}{dt - \dfrac{V}{c^2}dx} = \frac{\dfrac{dx}{dt} - V}{1 - \dfrac{V}{c^2}\dfrac{dx}{dt}} = \frac{v_x - V}{1 - Vv_x/c^2}$$

したがって

$$v_x' = \frac{v_x - V}{1 - Vv_x/c^2}$$

$$v_y' = \frac{v_y\sqrt{1 - V^2/c^2}}{1 - Vv_x/c^2} \tag{5.43}$$

$$v_z' = \frac{v_z\sqrt{1 - V^2/c^2}}{1 - Vv_x/c^2}$$

を得る．ガリレイ変換のときの (2.15) に比べるとだいぶ複雑な形をしているが，光速 c を無限大とみなして $c \to \infty$ の極限をとると，ガリレイ変換のときと一致することは容易にたしかめられる．

速度の合成　理解をたすけるために速度 $\boldsymbol{v}$ が x 軸に平行で，v_x も v_x' も x 軸の正方向の特別な場合を考えてみよう．$\boldsymbol{v}$ と $\boldsymbol{v}'$ の大きさをそれぞれ v と v' と書くと，そのときには $v_x = v$，$v_y = v_z = 0$，$v_x' = v'$，$v_y' = v_z' = 0$ となるから，すこし簡単な形の公式

$$v' = \frac{v - V}{1 - Vv/c^2}$$

を得る．この式を v について解くと

$$\boxed{v = \frac{v' + V}{1 + Vv'/c^2}} \tag{5.44}$$

となり，同じ方向の速度の合成の公式が得られる．この公式は，たとえば，慣性系Sに対してx軸の正の方向へ速さVで走っているロケットから，速さv'でロケット砲を前方へ発射したときのSから見た合成速度の大きさをあらわしている．

ガリレイ変換では速度の合成は単なる足し算であったから，原理的にはいくらでも大きい速度を得ることができた．しかし公式(5.44)には分母にもVとv'が入ってくるので，速度に上限ができる．そのことを見やすくするために，(5.44)を変形して

$$v = c - \frac{c(1-v'/c)(1-V/c)}{1+Vv'/c^2}$$

とかいてみる．光速cにくらべてv'とVのどちらも小さいときには

$$(1-v'/c)(1-V/c) > 0$$

となる．したがってvはcから正の量を差し引いた量であるから，合成した速度の大きさvは光速cよりも小さくなり，<u>光速以下の速さをいくら合成しても光速cを越すことができない</u>ことがわかる．またたとえば，速さVのロケットから光を発射したときは$v'=c$であるが，発射された光の速さも$v=c$となり，これは当然のことながら光速不変の法則をあらわしている．

速度の変換　座標系Sからx方向に速度Vで動いている座標系S'に移ったときの速度の変換公式(5.43)をもう少しくわしく調べてみよう．簡単のため，粒子の速度$\boldsymbol{v}$がxy面内にあるように座標軸をえらぶ．このとき$v_z=0$となる．

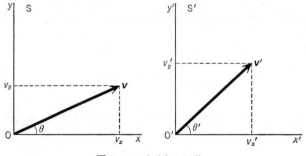

図 5-11　平面内の運動．

86   **5** ローレンツ変換

したがって(5.43)の第3式から $v_z{}'=0$ を得るから，$\boldsymbol{v}'$ も $x'y'$ 面内にあること
になる．速度 v の方向と x 軸のなす角を θ，速度 v' の方向と x' 軸のなす角を
θ' とする(図5.11)．速度の成分は，S では

$$v_x = v\cos\theta, \quad v_y = v\sin\theta, \quad v_z = 0$$

S′ では

$$v_x{}' = v'\cos\theta', \quad v_y{}' = v'\sin\theta', \quad v_z{}' = 0$$

とかける．これらの値を(5.43)に代入して

$$v'\cos\theta' = \frac{v\cos\theta - V}{1 - V(v\cos\theta)/c^2}$$

$$v'\sin\theta' = \frac{v\sin\theta\sqrt{1 - V^2/c^2}}{1 - V(v\cos\theta)/c^2}$$

(5.45)

を得る．これらの2式から速度の方向の変換公式

$$\tan\theta' = \frac{v\sin\theta\sqrt{1 - V^2/c^2}}{v\cos\theta - V} \tag{5.46}$$

と速度の大きさの変換公式

$$\begin{aligned}
v' &= \sqrt{v_x{}'^2 + v_y{}'^2} \\
&= \left\{\left(\frac{v\cos\theta - V}{1 - V(v\cos\theta)/c^2}\right)^2 + \left(\frac{v\sin\theta\sqrt{1 - V^2/c^2}}{1 - V(v\cos\theta)/c^2}\right)^2\right\}^{1/2} \\
&= \frac{\{v^2 - 2V(v\cos\theta) + V^2\{1 - (v^2\sin^2\theta)/c^2\}\}^{1/2}}{1 - V(v\cos\theta)/c^2}
\end{aligned} \tag{5.47}$$

が導かれる．

光行差　特に速度 v が光速の場合は，(5.47)で $v=c$ とおくと，光速不変の
原理をあらわす式 $v'=c$ がふたたび得られるので，(5.45)は

$$\cos\theta' = \frac{\cos\theta - V/c}{1 - (V\cos\theta)/c}$$

$$\sin\theta' = \frac{\sin\theta\sqrt{1 - V^2/c^2}}{1 - (V\cos\theta)/c}$$

(5.48)

となる．これは慣性系の間の光の傾きの角度の変換公式で，**光行差**をあらわし
ている．

　例題1　ブラッドレーの光行差の式(2.1)を導け．

[解]　光速にくらべて慣性系の間の相対速度が小さい場合には，V/c の精度で (5.48) の第 2 式を近似すれば

$$\sin \theta' \approx \sin \theta \{1+(V \cos \theta)/c\}$$

となる．したがって

$$\sin \theta' - \sin \theta \approx (V/c) \sin \theta \cos \theta$$

を得る．慣性系の間の光の入射角の差 $\Delta\theta = \theta' - \theta$ を使うと，V/c の精度で

$$\begin{aligned}\sin \theta' &= \sin (\theta + \Delta\theta) \\ &= \sin \theta \cos \Delta\theta + \cos \theta \sin \Delta\theta \\ &\approx \sin \theta + \Delta\theta \cos \theta\end{aligned}$$

となるので，同じ近似で

$$\Delta\theta \approx (V/c) \sin \theta \tag{5.49}$$

となる．最大の光行差は $\theta = \pi/2$ のときにおこる．このときは $\Delta\theta \approx V/c$ となり，V/c の精度で (2.1) に一致する．この現象は 3-2 節で述べたように，ブラッドレーによってはじめて見出された．▌

5-6　ドップラー効果

　電車の鳴らす警笛や，救急車の鳴らすサイレンの音の高さは，音源が近づくときと遠ざかるときに変化する．これは日常しばしば経験することで，音のドップラー効果としてよく知られている．音の場合には，空気という媒質があるために，静止している観測者に音源が近づいてくるときと，静止している音源に観測者が近づいてゆくときとでは公式が異なる．

　簡単のため風は吹いていない場合を考えよう．音速を v とし，音源が振動数 ν_0 の音を発しているとする．静止している観測者に音源が速さ V で近づいてくるときに観測者が聞く音の振動数 ν は

$$\nu = \nu_0 \frac{v}{v-V}$$

で与えられる．逆に静止している音源に速さ V で近づいている観測者が聞く

88   **5** ローレンツ変換

音の振動数 ν は

$$\nu = \nu_0 \frac{v+V}{v}$$

となる．遠ざかるときの公式は，それぞれ V の前の符号を変えれば得られる．

音の場合と異なり，真空中の波動を考えるときには，空気のような媒質がない．したがって波源が運動しているのか，観測者が運動しているかの区別はなく，ただ相対速度のみによってドップラー効果がきまる．慣性系 S で，単位ベクトル n の方向へ進んでいる平面波を考える．振動数を ν，角周波数を ω，波数ベクトルを k，光の伝わる速さを c とかくと，それらの間には

$$\omega = 2\pi\nu, \quad k = (\omega/c)n$$

という関係がある．波動を正弦関数であらわし，時空座標の原点における位相が 0 になるように座標系を定めると，振幅は

$$\sin(\omega t - kr) = \sin(\omega t - k_x x - k_y y - k_z z) \tag{5.50}$$

に比例する．

さて，いま慣性系 S の x 軸の正の方向へ速さ V で進んでいる慣性系 S′ を考え，S′ の座標を，$t'=t=0$ のとき S の座標と一致するようにとる．慣性系 S′ でこの波を観測したときに測定される角周波数を ω'，波数ベクトルを k' とし，(5.50) と同じ位相の点の時空座標を (x', y', z', t') とすれば

$$\omega' t' - k_x' x' - k_y' y' - k_z' z' = \omega t - k_x x - k_y y - k_z z$$

となる．この式の右辺に (5.17′) を代入すると

$$\begin{aligned}
\omega' t' &- k_x' x' - k_y' y' - k_z' z' \\
&= \omega \frac{t' + Vx'/c^2}{\sqrt{1 - V^2/c^2}} - k_x \frac{x' + Vt'}{\sqrt{1 - V^2/c^2}} - k_y y' - k_z z' \\
&= \frac{\omega - Vk_x}{\sqrt{1 - V^2/c^2}} t' - \frac{k_x - V\omega/c^2}{\sqrt{1 - V^2/c^2}} x' - k_y y' - k_z z'
\end{aligned}$$

となる．この式の最左辺と最右辺を比較すると，周波数と波数の間の変換公式

$$\begin{aligned}
\omega' &= \frac{\omega - Vk_x}{\sqrt{1 - V^2/c^2}} \\
k_x' &= \frac{k_x - V\omega/c^2}{\sqrt{1 - V^2/c^2}}, \quad k_y' = k_y, \quad k_z' = k_z
\end{aligned} \tag{5.51}$$

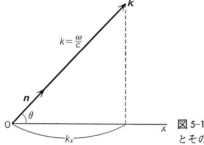

図 5-12 波数ベクトル k とその成分 k_x.

を得る.

慣性系 S における k と x 軸とのなす角を θ, S′ における k' と x' 軸とのなす角を θ' とすると,

$$k_x = \frac{\omega}{c}\cos\theta, \quad k_x' = \frac{\omega'}{c}\cos\theta'$$

であるから, (5.51)のはじめの2式は

$$\omega' = \frac{\omega - V(\omega\cos\theta)/c}{\sqrt{1-V^2/c^2}}$$

$$\frac{\omega'}{c}\cos\theta' = \frac{(\omega\cos\theta)/c - V\omega/c^2}{\sqrt{1-V^2/c^2}}$$

となる. この第2式は, 光行差の公式(5.48)の第1式を代入すれば第1式と等しくなる. したがって振動数 $\nu' = \omega'/2\pi$, $\nu = \omega/2\pi$ を用いると, 振動数の間の変換の公式として

$$\nu' = \nu\frac{1-(V\cos\theta)/c}{\sqrt{1-V^2/c^2}}$$

を得る.

上では光源が S にあるとも S′ にあるとも指定しなかったが, ここで光源が S′ に固定されていて, 振動数 ν_0 の光を出している場合を考えよう. その光を S に静止している観測者が測定する振動数を ν とすると, 上式で ν' を ν_0 とおけばよい. 定義により光源 L の進行方向が x 軸の正の方向で, 観測者からみて光の進行方向と x 軸の正の方向とのなす角が θ, 光源と観測者の相対的な速さが V であるから, 図 5-13(a)のようになる. このとき振動数の変換公式は

$$\nu_0 = \nu \frac{1-(V\cos\theta)/c}{\sqrt{1-V^2/c^2}}$$

となる．あるいは ν についてといて

$$\boxed{\nu = \nu_0 \frac{\sqrt{1-V^2/c^2}}{1-(V\cos\theta)/c}} \tag{5.52}$$

を得る．この振動数の変化を**光のドップラー効果**という．

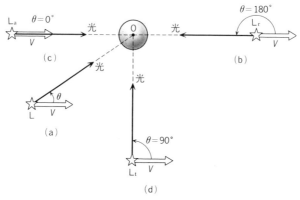

図 5-13 光のドップラー効果．

縦ドップラー効果 これをいくつかの特別な場合について，すこし具体的に考察してみよう．まず光源 L_r が観測者 O と結ぶ線上を速さ V で遠ざかっているときには，$\theta = 180°$ で $\cos\theta = -1$ となり（図 5-13(b)）

$$\nu_r = \nu(\text{receding}) = \nu_0 \frac{\sqrt{(1-V/c)(1+V/c)}}{1+V/c} = \nu_0 \sqrt{\frac{1-V/c}{1+V/c}} \tag{5.53}$$

となる．この効果を**縦ドップラー効果**(longitudinal Doppler effect)という．この場合観測される振動数は光源の静止系における振動数，すなわち固有振動数より小さくなる．したがって可視光線の場合には，スペクトル線が赤色の方向へずれるので，**赤方偏移**(red shift)とよばれる．星雲からくる光のスペクトルを測定すると，われわれから星雲までの距離が遠くなればなるほど，光の振動数の小さい方へのずれ，すなわち赤方偏移が大きくなることが観測されている．赤方偏移の研究からハッブル(Edwin Hubble)は星雲の後退速度が銀河系

外星雲までの距離に比例することを発見し 1926 年に発表した．これは宇宙が膨張していることを示すものであり，現在の宇宙構造論に大きな意義をもつ発見であった．

光源 L_a が観測者 O と結ぶ線上を速さ V で近づくときには，$\theta = 0°$ であるから $\cos\theta = 1$ となり（図 5-13(c)），

$$\nu_a = \nu(\text{approaching}) = \nu_0 \frac{\sqrt{(1-V/c)(1+V/c)}}{1-V/c} = \nu_0\sqrt{\frac{1+V/c}{1-V/c}} \qquad (5.54)$$

となる．この効果も縦ドップラー効果であるが，この場合は光源の固有振動数より観測される振動数の方が大きくなる．したがって可視光線の場合には，スペクトル線が青色の方向へずれるので**青方偏移**(blue shift)とよばれる．

横ドップラー効果　光源 L_t が観測者 O と結ぶ線と直角をなす方向へ速さ V で移動しているときには，$\theta = 90°$ であるから $\cos\theta = 0$ となり（図 5-13(d)），

$$\nu_t = \nu(\text{transverse}) = \nu_0\sqrt{1-V^2/c^2} \qquad (5.55)$$

を得る．この効果は**横ドップラー効果**(transverse Doppler effect)とよばれる．この効果は非相対論的(non-relativistic)ドップラー効果ではあらわれない効果である．光源と観測者の相対距離は変化しないのにドップラー効果がおこるのは，光源が固有時間間隔 $d\tau$ の間に送り出す光の波の数を，観測者は座標時間間隔 dt の間に受けとるためである．固有時間と座標時間の間の関係(5.29)で $v = V$ とおいた式

$$d\tau = dt\sqrt{1-V^2/c^2}$$

が成り立つ．光源が $d\tau$ の間に送り出す光の波の数を dn とすると

$$\nu_0 = \frac{dn}{d\tau}$$

$$\nu_t = \frac{dn}{dt} = \frac{dn}{d\tau}\frac{d\tau}{dt} = \nu_0\sqrt{1-V^2/c^2}$$

となるから(5.55)と一致する．このように横ドップラー効果は，固有時間と座標時間の違いに起因する，相対性理論に特有な現象であり，実験室内で加速された原子の出す光の精密な測定によって確かめられている．

例題 1 光源の固有振動数のかわりに横ドップラー効果の振動数 ν_t を基準に使うと，縦ドップラー効果 (5.53) と (5.54) はそれぞれ

$$\nu_r = \nu_t \frac{c}{c+V} \tag{5.56}$$

および

物質中の光速

特殊相対性理論により，物体の速さは真空中の光の速さを越えることができないことが明らかになった．しかし，透明な物質の中の光速は，真空中の光速より小さな値になる．物質の屈折率を n とすると，$n>1$ で，物質中の光速は c/n である．この場合に物体の速さは物質中の光速より大きくなることができる．荷電粒子が物質中の光速を越えると，放射エネルギーを出す．チェレンコフ (Pavel Cherenkov) は 1937 年に，物質中の光速を越える高速度の電子が，実際に光を出すことを観測した．これを**チェレンコフ放射**という．

荷電粒子が出すチェレンコフ放射は，図のように円錐状に広がる．この現象を利用して高速荷電粒子の速度を測定することができる．この測定装置としてチェレンコフ計数管がある．

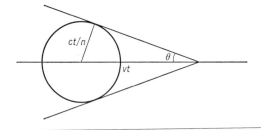

$$\nu_\mathrm{a} = \nu_\mathrm{t} \frac{c}{c-V} \tag{5.57}$$

となる．これらは，観測者が静止しているときに音源が観測者から遠ざかるときと近づくときの，音のドップラー効果とおなじ形である．このことを考察せよ．

［解］　光源が1個の波を出してからつぎの波を出すまでの時間を，光源の時間で測定して t_0，観測者の時間で測定して t とすると，$t=t_0/\sqrt{1-V^2/c^2}=1/\nu_0\sqrt{1-V^2/c^2}=1/\nu_\mathrm{t}$ となる．光源と観測者との距離は時間 t の間に tV だけ変化する．したがって1個の波が光速 c で観測者に到着してからつぎの波が到着するまでの時間は，遠ざかるとき $T_\mathrm{r}=t+tV/c=t(1+V/c)$，近づくときは $T_\mathrm{a}=t-tV/c=t(1-V/c)$ となる．これらの時間の逆数をとれば $\nu_\mathrm{r}=1/T_\mathrm{r}$，$\nu_\mathrm{a}=1/T_\mathrm{a}$ となり，それぞれ (5.56) と (5.57) を得る．▌

5–7　双子のパラドクス

　慣性系によって時計の進み方が異なるということは，われわれの日常経験ではないことであり，一見矛盾を内包しているようにみえることがある．時間に関係して一見矛盾して見えるような思考実験はいろいろ考えられており，一般に時計のパラドクスとよばれている．これらのいわゆるパラドクスは，よく考えてみると，結局矛盾ではないことがわかる．ここでいう時計は，時間の経過をあらわす現象ならば何でもよいので，2個の時計のかわりに双子を使い，双子のパラドクスとよばれる問題もある．

　双子をAとBとして，Aは地球の基地におり，Bはロケットに乗って，地球から l_0 の距離にある星Cへ向かって速さ V で出発したとする．このときAからみるとBは速さ V で移動しているから，Aの時間にくらべてBの時計はゆっくり進む．Bが地球を出発して星Cに到着するまでの時間を地上のAの時計で Δt_A とし，Bの時計で Δt_B とすれば，(5.34) により

$$\Delta t_{\mathrm{B}} = \Delta t_{\mathrm{A}}\sqrt{1-\frac{V^2}{c^2}} \tag{5.58}$$

となる．そこで，B が星 C に到達して，ただちにロケットの向きを逆にして同じ速さ V で地球へ戻ったとする．この復路でも B は A に対して速度 V で運動しているから，往路と同じだけの時間が経過する．したがって B が星 C まで往復するのに要する時間は $2\Delta t_{\mathrm{B}}=2\Delta t_{\mathrm{A}}\sqrt{1-V^2/c^2}$ であって，これは A の時間で測った往復時間 $2\Delta t_{\mathrm{A}}$ よりも短い．ゆえにロケットの人 B は地上の人 A ほどには年をとらないわけである．速度 V を光速に近づければ，B は浦島太郎のような経験をするだろう．

　しかし，運動は相対的であるから，ロケットの B が静止していて，地球の A の方が動いていると考えてもよいではなかろうか．こう考えると上の結論とは逆に $\Delta t_{\mathrm{A}}=\Delta t_{\mathrm{B}}\sqrt{1-V^2/c^2}$ となり，A の方が B よりも年をとらないことになるが，これは矛盾である．これを双子のパラドクスというのである．

　この推論には誤りがあり，ロケットの B の方が地球の A よりも年をとらないというのが本当である．A と B が同じ資格をもっていると考えるのは正しくないのである．A は慣性系である地球に止まっているが，B はロケットをふかしたり，止めて逆向きにふかしたりして加速度運動をしている．加速度運動をしている系を基準にして特殊相対性理論の公式を適用することはできないから，B より A の方が年をとらないと主張することはできないのである．

　しかし，B は一定の速さ V で進むロケットに乗って星 C まで行き，ここで逆向きに飛んでいる別のロケットに飛び乗って地球まで戻ってくると考えてもよいわけである．この旅行を世界線で描くと図 5-14 のようになる．ここで地球を原点にとり，星 C の方向を x 軸としている．この図でロケットから見た同時刻の線は，星 C へ向かっているときは DF に平行な線であり，地球へもどってくるときは GF に平行な線である．したがって，ロケットをとりかえた瞬間に B から見た A の世界線の同時刻の点が D から G へ跳ぶことになる．相対的に B から見て A の方が年をとらないように思うのは A の固有時の OD と GH しか計算に入れていないので，A の経験する時間としては DG を加えなけ

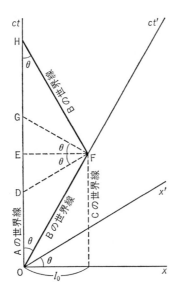

図 5-14 往復運動の世界線.

ればならない．このようにして (5.58) の結論には矛盾は含まれていないことがわかる．また $\varDelta t_A$ は OE 間および EH 間の A の固有時間であり，$\varDelta t_B$ は OF 間および FH 間の B の固有時間であるから，上に証明したように

$$\varDelta t_B < \varDelta t_A$$

であることは，ミンコフスキーの世界の 3 角不等式 (5.31) が成立していることを意味している．

　上で説明した例はロケットによる思考実験であるが，素粒子実験では運動する物体の寿命が伸びることが実際に観測されている．たとえば宇宙線の空気との相互作用により発生するミューオンの平均寿命はミューオンに対して静止した観測者に対して $\tau = 2.20 \times 10^{-6}$ s であるから，この時間内では光速 $c = 3.00 \times 10^{8}$ m/s で走っても $c\tau = 6.60 \times 10^{2}$ m $= 660$ m しか走れないことになる．しかし実際にははるか上空で作られたミューオンが地上で観測されている．このことを理解するためにミューオンの速さを $V = 0.999c$ と仮定すると，寿命は

$$\tau' = \tau/\sqrt{1 - V^2/c^2}$$
$$= 49.2 \times 10^{-6} \text{ s}$$

となるので，飛行距離は $c\tau/\sqrt{1-V^2/c^2}=14.8\,\mathrm{km}$ まで延びることになる．

第5章問題

[1] 変換公式(5.9)と(5.10)から(5.11)を求めよ．

[2] 式(5.15), (5.9), (5.11), (5.13)から(5.16)を求めよ．

[3] ローレンツ変換(5.17)を行なったとき(5.21)が成り立つことを示せ．

[4] 不等式(5.31)を導け．

[5] 光速の 0.800 倍の速さで走っているロケットから前方に光速の 0.900 倍の速さの粒子を発射したときの合成速度の大きさを求めよ．

ローレンツ変換の4次元的定式化

時間変数と3個の空間座標の変数をいっしょにして4次元空間を考えると，特殊相対性理論においては4次元ユークリッド空間と似た性質をもつ空間になることがわかる．このような空間をミンコフスキーの世界といったのである．ミンコフスキーの世界で眺めたローレンツ変換の性質を，この章で概観する．

98　　**6**　ローレンツ変換の4次元的定式化

6-1　2次元時空

いままでに学んだように，相対性理論では慣性系から別の慣性系に移ると空間座標と時間変数がまざった変換がなされ，これはローレンツ変換(5.18)で与えられる．そこで空間座標と時間座標を合わせた座標空間を考え，これを**時空**，あるいは**ミンコフスキーの世界**という．ミンコフスキーの世界とローレンツ変換とに親しむために，まず空間は1次元の x 軸だけを考え，時間軸と合わせた2次元時空についてしらべてみることにする．時間変数 t のかわりに式(5.18)で導入した長さの次元をもつ変数 ct を採用することにして，変数の肩に番号をつけて

$$x^0 = ct, \quad x^1 = x \tag{6.1}$$

と書くことにする．変数の肩につけた数字 0, 1 はあくまでも番号であって，0乗，1乗ではないことに注意しよう．なぜ肩に添字をつけるかは後に説明する(111ページ参照)．この節では x^0 と x^1 の2変数でつくられる2次元のミンコフスキーの世界について考察する．ローレンツ変換(5.18)を新変数を用いて書くと

$$x^{0\prime} = \frac{x^0 - (V/c)x^1}{\sqrt{1 - V^2/c^2}}$$

$$x^{1\prime} = \frac{x^1 - (V/c)x^0}{\sqrt{1 - V^2/c^2}} \tag{6.2}$$

となる．この変換を，形式的に

$$\boxed{\begin{aligned} x^{0\prime} &= \alpha_0^0 x^0 + \alpha_1^0 x^1 \\ x^{1\prime} &= \alpha_0^1 x^0 + \alpha_1^1 x^1 \end{aligned}} \tag{6.3}$$

と書きあらわす．ここで α_0^0 などは**変換係数**とよばれる．α に添えた数字で上の数字は左辺の $x^{0\prime}, x^{1\prime}$ の 0 または 1 を，下の数字は $\alpha_0^0 x^0, \alpha_1^0 x^1$ のように係数がかかっている変数 x^0, x^1 の 0 または 1 の意味である．したがってこれらの 4 つの係数 α_0^0 などを具体的に書けば

$$\alpha_0^0 = \frac{\partial x^{0\prime}}{\partial x^0} = \frac{1}{\sqrt{1-V^2/c^2}}$$

$$\alpha_1^0 = \frac{\partial x^{0\prime}}{\partial x^1} = -\frac{V/c}{\sqrt{1-V^2/c^2}}$$

$$\alpha_0^1 = \frac{\partial x^{1\prime}}{\partial x^0} = -\frac{V/c}{\sqrt{1-V^2/c^2}}$$

$$\alpha_1^1 = \frac{\partial x^{1\prime}}{\partial x^1} = \frac{1}{\sqrt{1-V^2/c^2}}$$

(6.4)

となる. ここで $\partial x^{0\prime}/\partial x^0$ は(6.2)で $x^{0\prime}$ を x^0 と x^1 の関数とみて x^0 で微分したものであり, ほかの偏微分係数も同様の意味である. これらの式の右辺の分母の形からも, また速度の合成則からもわかるように, V の変域は $-c<V<c$ である. このとき α_0^0 と α_1^1 の変域は $1\leqq\alpha_0^0, \alpha_1^1<+\infty$ となり, α_1^0 と α_0^1 の変域は, $-\infty<\alpha_1^0, \alpha_0^1<+\infty$ となる. そして係数の間には

$$(\alpha_0^0)^2-(\alpha_0^1)^2 = (\alpha_1^1)^2-(\alpha_1^0)^2 = 1$$

という関係が成り立つ. これらのことから双曲線関数を用いて

$$\alpha_0^0 = \alpha_1^1 = \cosh\xi \equiv (e^\xi+e^{-\xi})/2$$

$$\alpha_1^0 = \alpha_0^1 = \sinh\xi \equiv (e^\xi-e^{-\xi})/2$$

と書くことができる. これらの双曲線関数は虚数単位 $i=\sqrt{-1}$ を用いて, 三角関数であらわすことができて

$$\cosh\xi = \cos i\xi$$

$$\sinh\xi = -i\sin i\xi$$

と書け, 公式

$$\cosh^2\xi-\sinh^2\xi = \cos^2 i\xi+\sin^2 i\xi = 1$$

が成り立つ. これらの関係式を用いて(6.3)を書き直すと

$$ix^{0\prime} = (\cos i\xi)ix^0+(\sin i\xi)x^1$$

$$x^{1\prime} = -(\sin i\xi)ix^0+(\cos i\xi)x^1$$

となることがわかる. この形はユークリッド空間の2次元の座標回転

$$x' = (\cos\theta)x+(\sin\theta)y$$

$$y' = -(\sin\theta)x+(\cos\theta)y$$

(6.3′)

と同じ形である．したがって，虚数 $ix^0, ix^{0'}, i\xi$ をあたかも実数であるかのようにみなせば，図 6-1 のようにローレンツ変換を空間座標と時間座標の間の虚数の角度の回転であるとみなすことができる．

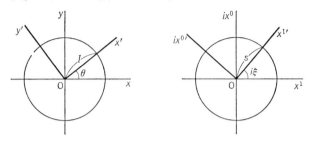

図 6-1 座標回転．

ユークリッド空間の 2 次元座標回転に対する原点からの不変距離の 2 乗が $l^2 = x^2 + y^2 = x'^2 + y'^2$ であったのに対して，ミンコフスキーの世界の 2 次元時空のローレンツ変換に対しては，原点からの世界距離の 2 乗が

$$s^2 = (ix^0)^2 + (x^1)^2 = (ix^{0'})^2 + (x^{1'})^2$$

すなわち

$$\begin{aligned}s^2 &= -(x^0)^2 + (x^1)^2 \\ &= -(x^{0'})^2 + (x^{1'})^2\end{aligned} \quad (6.5)$$

で定義される．

ユークリッド空間では距離は負の値をとることはないが，ミンコフスキーの世界の距離の 2 乗は正，負，0 のいずれの値もとることがある．したがって距離の 2 乗を s^2 で定義しても，$-s^2$ で定義しても本質的には違いがないので，書物により定義の仕方はまちまちである．本書では空間的距離の 2 乗が正になるように，距離の 2 乗を (6.5) の s^2 で定義する．そして同じくローレンツ変換に対して不変な固有時間 τ を，(5.27) で定義したように

$$\tau^2 = -s^2/c^2 = t^2 - x^2/c^2 = \{(x^0)^2 - (x^1)^2\}/c^2 \quad (6.6)$$

で定める．固有微小時間は (5.29) から

$$\begin{aligned}d\tau &= (1/c)\sqrt{(dx^0)^2 - (dx^1)^2} \\ &= dt\sqrt{1 - v^2/c^2}\end{aligned} \quad (6.7)$$

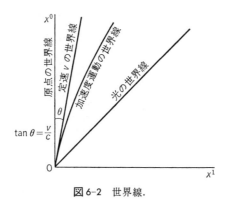

図 6-2 世界線.

で与えられる.

　ある慣性系 S で物体の運動を考えてみよう. この系の 2 次元座標を図 6-2 のように横軸に x^1, 縦軸に x^0 をとり, 直交座標で表わしておく. 座標の原点 O に静止している物体は, 時間が経過するにつれて x^0 が増加するから, 図 6-2 で Ox^0 上の直線図形を描く. ミンコフスキーの世界の曲線を 5-2 節で世界線と名づけたが, 直線 x^0 軸が原点に静止している物体の世界線である. 速さ v で x^1 方向へ等速直線運動をしている物体の描く世界線の方程式は $x = vt$, あるいは新しい変数で書いて $x^1 = (v/c)x^0$ である. したがってこの世界線と x^0 軸とのなす角を θ とすると $\tan\theta = dx^1/dx^0 = v/c$ となる. 加速度運動をしている物体の描く世界線は一般に曲線になるが, 物体の速さは光の速さに達することはできないから, その接線と x^0 軸とのなす角はつねに 45° 以下である. 光の世界線は (6.5) で $s = 0$ と置いて得られるから $x^0 = \pm x^1$ となり, x^0 軸とのなす角が 45° になる.

　物体が光速以下で運動しているとき, この物体とともに運動する慣性系へはローレンツ変換で移ることができる. ところがローレンツ変換によって (6.5) の s^2 は不変である. したがって不等式

$$x^0 > |x^1|$$

をみたす時空点 (時間的な世界点) に対しては $s^2 = -(x^0)^2 + (x^1)^2 < 0$ となるから, ローレンツ変換を行なっても

$$(x^{0\prime})^2 = (-s^2) + (x^{1\prime})^2 > 0$$

となる．したがって $x^{0\prime}$ は 0 とはなり得ないから，ローレンツ変換(6.2)を行なっても，不等式

$$x^{0\prime} > 0$$

が保たれる．このように $x^0 > |x^1|$ となる時間的な世界点は何回ローレンツ変換を行なっても，いつも図6-3 の $x^0 > 0$ なる光錐の中に入っている．このことは，未来は観測者によらずいつでも未来であることを意味する．この光錐を**未来錐**(future cone)という．$x^0 < -|x^1|$ なる点は同様にして $x^0 < 0$ なる光錐の中に入っている．このことは，過去は観測者によらずいつでも過去であることを意味する．この光錐を**過去錐**(past cone)という．光錐の内部を時間的領域とよび，これに対し光錐の外部を空間的領域という．

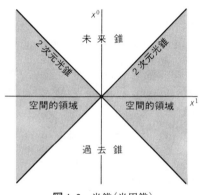

図6-3　光錐(光円錐)．

変換係数　ローレンツ変換は慣性系の間の変換として(6.2)で定義してきたが，もっと一般的には(6.5)の世界距離の2乗を不変にする変換として定義される．このときのローレンツ変換を(6.3)であらわして，変換係数の満たすべき関係式を求めてみよう．式(6.3)を(6.5)の最右辺に代入すると

$$-(\alpha_0^0 x^0 + \alpha_1^0 x^1)^2 + (\alpha_0^1 x^0 + \alpha_1^1 x^1)^2$$
$$= \{-(\alpha_0^0)^2 + (\alpha_0^1)^2\}(x^0)^2 + \{-(\alpha_1^0)^2 + (\alpha_1^1)^2\}(x^1)^2$$
$$+ 2(-\alpha_0^0 \alpha_1^0 + \alpha_0^1 \alpha_1^1)x^0 x^1$$

となる．同じ(6.5)から，これが $-(x^0)^2+(x^1)^2$ と等しいわけだから，係数を比べて

$$(\alpha_0^0)^2-(\alpha_0^1)^2 = (\alpha_1^1)^2-(\alpha_1^0)^2 = 1$$
$$\alpha_0^0\alpha_1^0-\alpha_0^1\alpha_1^1 = 0$$

(6.8)

という関係が得られる．これらの1行目の式から

$$(\alpha_0^0)^2 = 1+(\alpha_0^1)^2$$
$$(\alpha_1^1)^2 = 1+(\alpha_1^0)^2$$

(6.9)

を得るから，α_0^0 と α_1^1 は絶対値が1未満になることはないこともわかる.

ローレンツ変換の行列表現　ローレンツ変換(6.3)は行列

$$A = \begin{bmatrix} \alpha_0^0 & \alpha_1^0 \\ \alpha_0^1 & \alpha_1^1 \end{bmatrix}$$

(6.10)

と縦ベクトル

$$\boldsymbol{x} = (x^\mu) = \begin{bmatrix} x^0 \\ x^1 \end{bmatrix}, \quad \boldsymbol{x}' = (x^{\mu'}) = \begin{bmatrix} x^{0'} \\ x^{1'} \end{bmatrix}$$

(6.11)

を使って

$$\boldsymbol{x}' = A\boldsymbol{x}$$

(6.12)

と書ける．このような書き方をすると，基本テンソルとよばれる行列

$$H = \begin{bmatrix} -1 & 0 \\ 0 & 1 \end{bmatrix}$$

(6.13)

と転置ベクトル

$$^t\boldsymbol{x} = [x^0 \quad x^1], \ ^t\boldsymbol{x}' = [x^{0'} \quad x^{1'}]$$

を使って，世界距離の2乗(6.5)は

$$s^2 = {}^t\boldsymbol{x}H\boldsymbol{x} = {}^t\boldsymbol{x}'H\boldsymbol{x}'$$

(6.14)

と書ける．転置ベクトルに対するローレンツ変換は，ローレンツ変換の行列 A の転置行列

$$^tA = \begin{bmatrix} \alpha_0^0 & \alpha_0^1 \\ \alpha_1^0 & \alpha_1^1 \end{bmatrix}$$

を用いて

104 **6** ローレンツ変換の4次元的定式化

$$
{}^t\boldsymbol{x}' = {}^t(A\boldsymbol{x}) = {}^t\boldsymbol{x}\,{}^tA \tag{6.15}
$$

と書ける．ここで恒等式 ${}^t(A\boldsymbol{x})={}^t\boldsymbol{x}\,{}^tA$ を使った．世界距離の2乗(6.14)に(6.12)と(6.15)を代入すると

$$
s^2 = {}^t\boldsymbol{x}H\boldsymbol{x} = {}^t\boldsymbol{x}\,{}^tAHA\boldsymbol{x}
$$

となる．この式から行列の間の関係式

$$
{}^tAHA = H \tag{6.16}
$$

を得る．この関係式は，添字が表に出てこないので，ローレンツ変換を2次元から4次元に拡張するのに便利な形をしている．

行列 H は2乗すると

$$
H^2 = I
$$

となるので(I は単位行列)，H の逆行列を H^{-1} と書くと

$$
H^{-1} = H
$$

となる．式(6.16)の両辺に左から H をかけると

$$
H\,{}^tAHA = I
$$

を得る．このことから，行列 A の逆行列を $A^{-1}=B$ と書くと

$$
A^{-1} = B = H\,{}^tAH \tag{6.17}
$$

となることがわかる．この式は s^2 の不変性から導かれたので，ローレンツ変換の1つの特徴である．また A の逆行列(6.17)を成分で書くと

$$
A^{-1} = B = \begin{bmatrix} \beta_0^0 & \beta_1^0 \\ \beta_0^1 & \beta_1^1 \end{bmatrix} = \begin{bmatrix} \alpha_0^0 & -\alpha_0^1 \\ -\alpha_1^0 & \alpha_1^1 \end{bmatrix} \tag{6.18}
$$

となる．実際，B と A を掛けて(6.8)を用いれば

$$
\begin{aligned}
BA &= \begin{bmatrix} \beta_0^0\alpha_0^0+\beta_1^0\alpha_0^1 & \beta_0^0\alpha_1^0+\beta_1^0\alpha_1^1 \\ \beta_0^1\alpha_0^0+\beta_1^1\alpha_0^1 & \beta_0^1\alpha_1^0+\beta_1^1\alpha_1^1 \end{bmatrix} \\
&= \begin{bmatrix} (\alpha_0^0)^2-(\alpha_0^1)^2 & \alpha_0^0\alpha_1^0-\alpha_0^1\alpha_1^1 \\ -\alpha_1^0\alpha_0^0+\alpha_1^1\alpha_0^1 & -(\alpha_1^0)^2+(\alpha_1^1)^2 \end{bmatrix} = \begin{bmatrix} 1 & 0 \\ 0 & 1 \end{bmatrix} = I
\end{aligned} \tag{6.19}
$$

を得る．すなわち B は A の逆行列である．

(6.12)の両辺に行列 B を掛ければわかるように，(6.12)の逆変換は

$$
\boldsymbol{x} = B\boldsymbol{x}' \tag{6.20}
$$

あるいは

$$x^0 = \beta_0^0 x^{0\prime} + \beta_1^0 x^{1\prime}$$
$$x^1 = \beta_0^1 x^{0\prime} + \beta_1^1 x^{1\prime}$$

(6.20′)

あるいは(6.18)により

$$x^0 = \alpha_0^0 x^{0\prime} - \alpha_0^1 x^{1\prime}$$
$$x^1 = -\alpha_1^0 x^{0\prime} + \alpha_1^1 x^{1\prime}$$

(6.20″)

となる.

6-2 時空ベクトル

ユークリッド空間におけるベクトルは，ニュートン力学でも数学でもすでになじんでいる概念である．ベクトルの表わし方はいろいろあるが，2次元や3次元の空間のベクトルは紙面に矢印で図示することもできる．また，ベクトルは太文字で表わしたり，成分で表わしたりする．たとえば3次元の位置ベクトルを成分を用いて $\boldsymbol{r} = (x, y, z)$ と書き，この成分のおのおのを時間で微分した速度ベクトルを $\boldsymbol{v} = (dx/dt, dy/dt, dz/dt)$ と書く．

ミンコフスキーの世界は4次元であるから，そのまま紙面上に図示することはできない．しかし，1つの物体の空間座標が $x^1 = x$, $x^2 = y$, $x^3 = z$ であり，そのときの時刻が t であるとき，$x^0 = ct$, x^1, x^2, x^3 を座標とするミンコフスキーの世界のベクトル

$$(x^\mu) = (x^0, x^1, x^2, x^3)$$

をこの物体の**4元位置ベクトル**という．そしてこの各成分を固有時間 τ で微分した量

$$(u^\mu) = (u^0, u^1, u^2, u^3) = \left(\frac{dx^0}{d\tau}, \frac{dx^1}{d\tau}, \frac{dx^2}{d\tau}, \frac{dx^3}{d\tau} \right)$$

(6.21)

は**4元速度ベクトル**である．

空間ベクトルの変換 座標変換によるベクトルの成分の変換規則を求めよう．まず準備として空間ベクトルについて考えると，3次元空間のベクトルについ

106 **6** ローレンツ変換の4次元的定式化

ては，すでに第2章で考察し，座標変換は(2.8)で与えられた．さらに簡単化して2次元で考えると，直交座標系の回転による位置ベクトルの変換は

$$x' = a_{11}x + a_{12}y$$
$$y' = a_{21}x + a_{22}y$$
$$a_{11} = \cos\theta, \qquad a_{12} = \sin\theta$$
$$a_{21} = -\sin\theta, \qquad a_{22} = \cos\theta$$

(6.22)

であった．回転角 θ を一定に止めておけば，(x, y) や (x', y') の時間微分である速度や加速度の変換も全く同じ形で与えられる．なおこの逆の変換は，すぐわかるように

$$x = a_{11}x' + a_{21}y'$$
$$y = a_{12}x' + a_{22}y'$$

(6.23)

で与えられる．

位置ベクトルなどとちがったベクトルとして，勾配を表わす量

$$g_x = \frac{\partial\phi}{\partial x}, \qquad g_y = \frac{\partial\phi}{\partial y}$$

(6.24)

の変換を考えよう．ここで ϕ は位置 (x, y) の関数であり，このベクトルはスカラー ϕ から導かれるベクトル $\boldsymbol{g} = \mathrm{grad}\,\phi$ である．座標を回転し，ϕ を新しい座標 (x', y') の関数とみれば

$$g_x' = \frac{\partial\phi}{\partial x'} = \frac{\partial\phi}{\partial x}\frac{\partial x}{\partial x'} + \frac{\partial\phi}{\partial y}\frac{\partial y}{\partial x'}$$

$$g_y' = \frac{\partial\phi}{\partial y'} = \frac{\partial\phi}{\partial x}\frac{\partial x}{\partial y'} + \frac{\partial\phi}{\partial y}\frac{\partial y}{\partial y'}$$

ここで(6.23)を用いれば

$$\frac{\partial x}{\partial x'} = a_{11}, \qquad \frac{\partial y}{\partial x'} = a_{12}$$

$$\frac{\partial x}{\partial y'} = a_{21}, \qquad \frac{\partial y}{\partial y'} = a_{22}$$

を得る．したがって $\boldsymbol{g}$ の変換は

$$g_x' = a_{11}g_x + a_{12}g_y$$
$$g_y' = a_{21}g_x + a_{22}g_y$$

(6.25)

である．これを(6.22)と比べると，ベクトル(g_x, g_y)も位置ベクトル(x, y)と同じ変換をすることがわかる．

時空ベクトルの変換　ミンコフスキーの世界を簡単化した2次元時空における(x^0, x^1)の変換$\boldsymbol{x}' = A\boldsymbol{x}$は(6.3)で与えたように

$$
\begin{aligned}
x^{0\prime} &= \alpha_0^0 x^0 + \alpha_1^0 x^1 \\
x^{1\prime} &= \alpha_0^1 x^0 + \alpha_1^1 x^1
\end{aligned} \tag{6.26}
$$

と書け，その逆変換は(6.20″)で与えたように

$$
\begin{aligned}
x^0 &= \alpha_0^0 x^{0\prime} - \alpha_0^1 x^{1\prime} \\
x^1 &= -\alpha_1^0 x^{0\prime} + \alpha_1^1 x^{1\prime}
\end{aligned} \tag{6.27}
$$

である．

ミンコフスキーの世界における4元速度を簡略化して2次元時空で考えると，(6.26)を固有時間τで微分して，速度

$$
\boldsymbol{u} = \left(\frac{dx^0}{d\tau}, \frac{dx^1}{d\tau} \right)
$$

に対する変換式

$$
\begin{aligned}
u^{0\prime} &= \alpha_0^0 u^0 + \alpha_1^0 u^1 \\
u^{1\prime} &= \alpha_0^1 u^0 + \alpha_1^1 u^1
\end{aligned} \tag{6.28}
$$

を得る．これは座標変換(6.26)と同じ形の変換である．ミンコフスキーの世界における加速度$(d^2x^0/d\tau^2,\ d^2x^1/d\tau^2)$も，もちろん同じ形の変換をする．このように座標変換(6.26)と同じ形の変換をする量を**反変ベクトル**(contravariant vector)という．反変という言葉の意味は後に説明する(109ページ参照)．

任意の反変ベクトルを$\boldsymbol{a} = (a^0, a^1)$とすれば，その変換規則は

$$
\begin{aligned}
a^{0\prime} &= \alpha_0^0 a^0 + \alpha_1^0 a^1 \\
a^{1\prime} &= \alpha_0^1 a^0 + \alpha_1^1 a^1
\end{aligned} \tag{6.29}
$$

となる．

つぎに関数$\phi(x^0, x^1)$から導かれるベクトル

$$
g_0 = \frac{\partial \phi}{\partial x^0}, \qquad g_1 = \frac{\partial \phi}{\partial x^1} \tag{6.30}
$$

108   **6** ローレンツ変換の4次元的定式化

について変換を調べよう.

$$g_0' = \frac{\partial \phi}{\partial x^{0'}} = \frac{\partial \phi}{\partial x^0}\frac{\partial x^0}{\partial x^{0'}} + \frac{\partial \phi}{\partial x^1}\frac{\partial x^1}{\partial x^{0'}}$$

$$g_1' = \frac{\partial \phi}{\partial x^{1'}} = \frac{\partial \phi}{\partial x^0}\frac{\partial x^0}{\partial x^{1'}} + \frac{\partial \phi}{\partial x^1}\frac{\partial x^1}{\partial x^{1'}}$$

ここで(6.27)を用いれば

$$\frac{\partial x^0}{\partial x^{0'}} = \alpha_0^0, \qquad \frac{\partial x^1}{\partial x^{0'}} = -\alpha_1^0$$

$$\frac{\partial x^0}{\partial x^{1'}} = -\alpha_0^1, \qquad \frac{\partial x^1}{\partial x^{1'}} = \alpha_1^1$$

を得る. したがって **g** の変換は

$$g_0' = \alpha_0^0 g_0 - \alpha_1^0 g_1$$
$$g_1' = -\alpha_0^1 g_0 + \alpha_1^1 g_1$$

(6.31)

となる. ここで(6.4)により $\alpha_1^0 = \alpha_0^1$ である. この式からわかるように, ベクトル **g**$=(g_\mu)$ の変換 $(g_0, g_1) \rightarrow (g_0', g_1')$ は **x**$=(x^\mu)$ の変換 $(x^0, x^1) \rightarrow (x^{0'}, x^{1'})$, すなわち(6.26)とは異なり, むしろその逆変換 $(x^{0'}, x^{1'}) \rightarrow (x^0, x^1)$, すなわち(6.27)と同じである. **g** の逆変換を調べると

$$g_0 = \frac{\partial \phi}{\partial x^0} = \frac{\partial \phi}{\partial x^{0'}}\frac{\partial x^{0'}}{\partial x^0} + \frac{\partial \phi}{\partial x^{1'}}\frac{\partial x^{1'}}{\partial x^0}$$

$$g_1 = \frac{\partial \phi}{\partial x^1} = \frac{\partial \phi}{\partial x^{0'}}\frac{\partial x^{0'}}{\partial x^1} + \frac{\partial \phi}{\partial x^{1'}}\frac{\partial x^{1'}}{\partial x^1}$$

ここで

$$\frac{\partial x^{0'}}{\partial x^0} = \alpha_0^0, \qquad \frac{\partial x^{1'}}{\partial x^0} = \alpha_0^1$$

$$\frac{\partial x^{0'}}{\partial x^1} = \alpha_1^0, \qquad \frac{\partial x^{1'}}{\partial x^1} = \alpha_1^1$$

したがって

$$g_0 = \alpha_0^0 g_0' + \alpha_0^1 g_1'$$
$$g_1 = \alpha_1^0 g_0' + \alpha_1^1 g_1'$$

(6.32)

となる. これを(6.26)と比べれば変換 $(g_0', g_1') \rightarrow (g_0, g_1)$ は変換 $(x^0, x^1) \rightarrow (x^{0'}, x^{1'})$ と同じ形であることがわかる. このベクトル **g** のように座標変換と逆の形

の変換をする量を**共変ベクトル**(covariant vector) という。この言葉の意味は，このすぐあとで説明する。

2次元時空における時間軸の方向の単位ベクトルを e_0 と書き，空間の x 軸の方向の単位ベクトルを e_1 と書く。これらは**基本単位ベクトル**ともよばれる。この基本単位ベクトルを慣性系 S の時空とし，これから別の慣性系 S′ に移り，S′ の時空の基本単位ベクトルをそれぞれ e_0', e_1' としよう。これらの単位ベクトルを用いれば，1つの反変ベクトル a を

$$a = a^0 e_0 + a^1 e_1$$
$$= a^{0'} e_0' + a^{1'} e_1' \tag{6.33}$$

と書ける。ここで右辺の $a^{0'}$ と $a^{1'}$ に (6.29) を代入して a^0 と a^1 の係数を比較することにより

$$e_0 = \alpha_0^0 e_0' + \alpha_0^1 e_1'$$
$$e_1 = \alpha_1^0 e_0' + \alpha_1^1 e_1' \tag{6.34}$$

を得る。この変換は (6.32) と同じ形の変換である。

基本単位ベクトルの変換 (6.34) と同じ形の変換をする量を共変ベクトルという。これが共変という名のもとである。上に述べたベクトル g は共変ベクトルであった。すでに述べたように，位置座標や速度はこれと逆の変換をするので，反変ベクトルとよばれるのである。

ふつうのユークリッド空間において直交座標の変換をおこなった際には，位置座標 (x, y) も (g_x, g_y) も同じ変換をした。これに対してミンコフスキーの時空では (x^0, x^1) と (g_0, g_1) はちがう変換規則をもったわけである。この相違は (6.22) の逆 (6.23) とちがって，(6.26) の逆の (6.27) では α_0^1 と α_1^0 のところにマイナス符号がついていることに由来しているということもできる。じつはふつうのユークリッド空間でも，一般に曲線座標を用いるときには，共変ベクトルと反変ベクトルの区別をする必要がある。しかしここではこれ以上この問題には立ち入らないことにする。

例題1 ベクトル (a^μ) の大きさ $\|a\|$ を

$$\|a\|^2 = -(a^0)^2 + (a^1)^2 + (a^2)^2 + (a^3)^2 \tag{6.35}$$

で定義する．これはローレンツ変換に対して不変である．すなわち
$$\|\boldsymbol{a}\|^2 = \|\boldsymbol{a}'\|^2$$
である．これを2次元時空について確かめよ．

［解］ (6.29)により
$$-(a^{0\prime})^2+(a^{1\prime})^2 = -(\alpha^0_0)^2(a^0)^2-(\alpha^0_1)^2(a^1)^2-2\alpha^0_0\alpha^0_1 a^0 a^1$$
$$+(\alpha^1_0)^2(a^0)^2+(\alpha^1_1)^2(a^1)^2+2\alpha^1_0\alpha^1_1 a^0 a^1$$
$$= -(a^0)^2+(a^1)^2 \quad ((6.8)による) \quad \blacksquare$$

時間軸の方向の基本単位ベクトル $\boldsymbol{e}_0$ の成分は $(1,0,0,0)$ であり，空間軸の方向の基本単位ベクトル，たとえば x 軸の方向の基本単位ベクトル $\boldsymbol{e}_1$ の成分は $(0,1,0,0)$ である．したがって
$$\|\boldsymbol{e}_0\|^2 = -1, \quad \|\boldsymbol{e}_1\|^2 = \|\boldsymbol{e}_2\|^2 = \|\boldsymbol{e}_3\|^2 = 1 \qquad (6.36)$$
である．ローレンツ変換をしたときには座標軸の成分は変化するが，単位ベクトルの大きさ $\|\boldsymbol{e}_0\|, \|\boldsymbol{e}_1\|, \|\boldsymbol{e}_2\|, \|\boldsymbol{e}_3\|$ は不変である．

2次元時空において，つぎつぎとローレンツ変換を重ねると，大きさ一定のベクトルが1つの慣性系の直交座標系 (x^0, x^1) で描く軌跡は(6.35)からわかるように

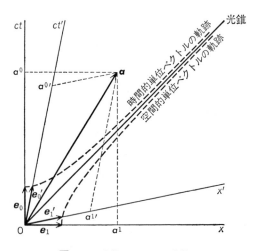

図6-4　反変ベクトルの変換．

$$\|\boldsymbol{a}\|^2 = -(a^0)^2 + (a^1)^2 = 一定$$

となるから，光錐を漸近線とする双曲線となる．上式右辺の一定値は，$\boldsymbol{e}_0$ では -1，$\boldsymbol{e}_1$ では 1 で双曲線は図 6-4 のようになる．

ミンコフスキーの世界のベクトル　反変ベクトルは $(a^\mu) = (a^0, a^1, a^2, a^3)$ のように上に添字をつけてその成分を表わし，共変ベクトルは $(b_\mu) = (b_0, b_1, b_2, b_3)$ のように添字を下につけてその成分を表わす．じつはこの規則はこの章ですでにひそかに使用してきたものである．2次元時空について反変ベクトル $\boldsymbol{a}$ の変換規則は（(6.29)参照）

$$\begin{aligned} a^{0\prime} &= \alpha_0^0 a^0 + \alpha_1^0 a^1 \\ a^{1\prime} &= \alpha_0^1 a^0 + \alpha_1^1 a^1 \end{aligned} \tag{6.37}$$

で与えられ，共変ベクトル $\boldsymbol{b}$ の変換規則は（(6.32)参照）

$$\begin{aligned} b_0 &= \alpha_0^0 b_0{}' + \alpha_0^0 b_1{}' \\ b_1 &= \alpha_1^0 b_0{}' + \alpha_1^1 b_1{}' \end{aligned} \tag{6.38}$$

で与えられる．この逆変換は(6.31)で示したように

$$\begin{aligned} b_0{}' &= \alpha_0^0 b_0 - \alpha_1^0 b_1 \\ b_1{}' &= -\alpha_0^1 b_0 + \alpha_1^1 b_1 \end{aligned} \tag{6.39}$$

となる．そこで

$$b^0 = -b_0, \ b^1 = b_1, \quad b^{0\prime} = -b_0{}', \ b^{1\prime} = b_1{}' \tag{6.40}$$

と書くと

$$\begin{aligned} b^{0\prime} &= \alpha_0^0 b^0 + \alpha_1^0 b^1 \\ b^{1\prime} &= \alpha_0^1 b^0 + \alpha_1^1 b^1 \end{aligned} \tag{6.41}$$

となる．この式と(6.37)とを比べると，全く同じ形をしていることがわかる．すなわち $(b^0, b^1) = (-b_0, b_1)$ は反変ベクトルである．この逆に $(a_0, a_1) \equiv (-a^0, a^1)$ は共変ベクトルになる．この関係を4次元で書くと，(a^0, a^1, a^2, a^3) を反変ベクトルとするとき

$$(a_\mu) = (a_0, a_1, a_2, a_3) \equiv (-a^0, a^1, a^2, a^3) \tag{6.42}$$

は共変ベクトルになる．ミンコフスキーの世界では，反変ベクトルと共変ベクトルの違いは，その第0成分の符号の違いに過ぎない．このことについては9-

112 **6** ローレンツ変換の4次元的定式化

3節と9-4節で一般化する．このことを使うとベクトルの大きさの定義は

$$\|(a^\mu)\|^2 = \|(a_\mu)\|^2 = a_0 a^0 + a_1 a^1 + a_2 a^2 + a_3 a^3 \tag{6.43}$$

と書ける．

6-3　ローレンツ変換

これまでは主に2次元時空で話をすすめてきたが，ここで一般に4次元時空でのローレンツ変換を考えよう．物理的事象は，ある慣性系Sでは時空座標の4変数 (x, y, z, t) によって記述される．これら4変数のかわりに，記述の便利さのために，(6.1)で導入した記法を4次元に拡張して

$$x^0 = ct, \quad x^1 = x, \quad x^2 = y, \quad x^3 = z$$

を用いる．他の慣性系S′ ではそこでの時空変数 $(x^{0\prime}, x^{1\prime}, x^{2\prime}, x^{3\prime})$ によって同じ事象が記述される．そのさいに，特殊相対性原理と光速不変の原理を満足するように，2種類の座標変数の間の変換を定めたのがローレンツ変換(5.17)である．ローレンツ変換は，ミンコフスキーの世界の2点間の世界距離(5.21)を不変にすることが示された．微小な世界距離は(5.26)で与えられているが，これを新しい変数の書き方で書くと

$$ds^2 = dx^2 + dy^2 + dz^2 - c^2 dt^2 = -(dx^0)^2 + (dx^1)^2 + (dx^2)^2 + (dx^3)^2$$

となる．ここで2次元時空において(6.13)で導入した行列 H を，4次元に拡張して

$$H = (\eta_{\mu\nu}) = \begin{bmatrix} -1 & 0 & 0 & 0 \\ 0 & 1 & 0 & 0 \\ 0 & 0 & 1 & 0 \\ 0 & 0 & 0 & 1 \end{bmatrix} \tag{6.44}$$

と定義する．成分で定義すると

$$\boxed{\begin{aligned} &\eta_{00} = -1, \quad \eta_{11} = \eta_{22} = \eta_{33} = 1 \\ &\mu \neq \nu \text{ のとき} \quad \eta_{\mu\nu} = 0 \end{aligned}} \tag{6.44$'$}$$

である．この記法を用いると，微小世界距離は

$$ds^2 = \eta_{00}dx^0dx^0 + \eta_{11}dx^1dx^1 + \eta_{22}dx^2dx^2 + \eta_{33}dx^3dx^3 = \sum_{\mu,\nu=0}^{3}\eta_{\mu\nu}dx^\mu dx^\nu$$

と書かれる．ここで $\eta_{\mu\nu}$ は世界距離をあらわすのに使われる基本的な量である
ので，**基本テンソル** (fundamental tensor) とよばれる．テンソルという言葉の
意味は後の 6-5 節で解説する．相対性理論では添字について 0 から 3 までの和
をとることが多い．そこで今後は和の記号 $\sum_{\mu=0}^{3}$ を省略して，特に断らないかぎ
り，<u>同一項の中に同じギリシア文字が上付きと下付きの添字として対になって</u>
<u>あらわれたときには，その添字について 0 から 3 までの和をとる</u>ことにきめる．
この約束をすると，微小世界距離は

$$ds^2 = \eta_{\mu\nu}dx^\mu dx^\nu = -c^2 d\tau^2 \tag{6.45}$$

と書ける．ローレンツ変換は世界距離 (5.21) や (6.45) を不変にすることが示さ
れるが，逆に，世界距離を不変にする変換として定義することができる．

　ローレンツ変換 (6.3) や (6.12) を 4 次元成分で書くと，ギリシア文字の添字
は 0, 1, 2, 3 の 4 つの値をとることにきめて

$$x^{\mu'} = \alpha^\mu_\nu x^\nu \tag{6.46}$$

となる．この右辺でもギリシア文字の添字が上下対になっているから，和をと
る意味である．微小座標の変換は

$$dx^{\mu'} = \alpha^\mu_\nu dx^\nu \tag{6.47}$$

と書ける．ローレンツ変換は世界距離を不変にするものであるから

$$ds^2 = \eta_{\mu\nu}dx^\mu dx^\nu$$
$$= \eta_{\mu\nu}dx^{\mu'}dx^{\nu'}$$
$$= \eta_{\mu\nu}\alpha^\mu_\lambda \alpha^\nu_\rho dx^\lambda dx^\rho \tag{6.48}$$

となる．ここで和をとる添字についての注意を述べると，(6.47) で 0 から 3 ま
での和をとる添字は，ν を λ や ρ にかえても上下の字をそろえておけばさしつ
かえないことである．そこで，(6.48) の ds^2 についても上下の添字をそろえて
とりかえると，最右辺は

$$ds^2 = \eta_{\lambda\rho}\alpha^\lambda_\mu \alpha^\rho_\nu dx^\mu dx^\nu \tag{6.49}$$

と書けることがわかる. ここで $dx^\mu dx^\nu$ は変数であり, したがっていろいろな値をとれるから, 世界距離の不変性がいつでも成り立つためには, 係数の間の等式が成り立つ必要がある. したがって, (6.48)の第2辺と添字をとりかえた最右辺を比較して

$$\eta_{\lambda\rho}\alpha_\mu^\lambda\alpha_\nu^\rho = \eta_{\mu\nu} \qquad (6.50)$$

という等式を得る. この等式を行列で表わした式がじつは(6.16)である.

行列と行列式の性質を使うと, 2行2列のときと同様な議論ができる. 行列 A を α_ν^μ の上の添字 μ を行の番号とし, 下の添字 ν を列の番号として書くと

$$A = (\alpha_\nu^\mu) = \begin{bmatrix} \alpha_0^0 & \alpha_1^0 & \alpha_2^0 & \alpha_3^0 \\ \alpha_0^1 & \alpha_1^1 & \alpha_2^1 & \alpha_3^1 \\ \alpha_0^2 & \alpha_1^2 & \alpha_2^2 & \alpha_3^2 \\ \alpha_0^3 & \alpha_1^3 & \alpha_2^3 & \alpha_3^3 \end{bmatrix} \qquad (6.51)$$

となる.

第5章で導入したローレンツ変換(5.17)を行列の形に書くと

$$A = (\alpha_\nu^\mu) = \begin{bmatrix} \gamma & -\gamma V/c & 0 & 0 \\ -\gamma V/c & \gamma & 0 & 0 \\ 0 & 0 & 1 & 0 \\ 0 & 0 & 0 & 1 \end{bmatrix}, \quad X = \begin{bmatrix} x^0 \\ x^1 \\ x^2 \\ x^3 \end{bmatrix}, \quad X' = \begin{bmatrix} x^{0'} \\ x^{1'} \\ x^{2'} \\ x^{3'} \end{bmatrix} \qquad (6.52)$$

$$\gamma = 1/\sqrt{1 - V^2/c^2} \qquad (6.53)$$

を使って

$$X' = AX$$

となる. この変換は連続的に $V \to 0$ とすると $\gamma = 1$ となり, (6.52)は恒等変換になることがわかる. $V = 0$ のときはS系に対してS′系が静止している場合の変換であるから, 変換によって変わることがないのは当然である.

ローレンツ変換の逆変換 つぎにローレンツ変換(6.46)の逆変換を求める. まず行列 H は簡単な行列で, $H^2 = I$ となることは容易にわかるから, H の逆行列を H^{-1} と書くと

$$H^{-1} = H \qquad (6.54)$$

となる．H^{-1} の行列成分を形式的に $\eta^{\mu\nu}$ と書くことにすると，成分の値としては (6.44) と一致して

$$\boxed{\eta^{\mu\nu} = \eta_{\mu\nu}} \tag{6.55}$$

となる．この記号を使うと $HH^{-1}=H^{-1}H=I$ という関係式は，成分で

$$\eta_{\mu\lambda}\eta^{\lambda\nu} = \eta^{\nu\lambda}\eta_{\lambda\mu} = \delta^\nu_\mu \tag{6.56}$$

$$\delta^\nu_\mu = \begin{cases} 1 & (\mu=\nu \text{ のとき}) \\ 0 & (\mu \neq \nu \text{ のとき}) \end{cases} \tag{6.57}$$

と書ける．(6.56) の左辺と中辺では λ について 0 から 3 までの和をとっていることはいうまでもない．記号 δ^ν_μ はクロネッカーの記号 (Kronecker symbol) とよばれる．(6.56) は基本テンソルの重要な性質である．さて，ローレンツ変換の定義式 (6.50) の両辺に $\eta^{\nu\sigma}$ を乗じて ν について 0 から 3 までの和をとると (6.56) を使って

$$\eta_{\lambda\rho}\alpha^\lambda_\mu\alpha^\rho_\nu\eta^{\nu\sigma} = \eta_{\mu\nu}\eta^{\nu\sigma} = \delta^\sigma_\mu \tag{6.58}$$

を得る．ここで

$$\beta^\sigma_\lambda = \eta_{\lambda\rho}\alpha^\rho_\nu\eta^{\nu\sigma} \tag{6.59}$$

という量を定義すると，(6.58) の最左辺は $\beta^\sigma_\lambda\alpha^\lambda_\mu$ と書けるので，(6.58) は

$$\beta^\sigma_\lambda\alpha^\lambda_\mu = \delta^\sigma_\mu \tag{6.60}$$

となる．すなわち β^σ_λ は $A=(\alpha^\lambda_\mu)$ の逆行列

$$\boxed{A^{-1} = B = (\beta^\sigma_\lambda)} \tag{6.61}$$

の成分である．関係式 (6.60) を用いれば，(6.46) の逆変換は，(6.46) に β^λ_μ をかけて μ について 0 から 3 までの和をとることにより

$$\boxed{x^\lambda = \beta^\lambda_\mu x^{\mu\prime}} \tag{6.62}$$

となる．逆行列 $B=A^{-1}$ を (6.59) により具体的に書けば

$$\begin{bmatrix} \beta^0_0 & \beta^0_1 & \beta^0_2 & \beta^0_3 \\ \beta^1_0 & \beta^1_1 & \beta^1_2 & \beta^1_3 \\ \beta^2_0 & \beta^2_1 & \beta^2_2 & \beta^2_3 \\ \beta^3_0 & \beta^3_1 & \beta^3_2 & \beta^3_3 \end{bmatrix} = \begin{bmatrix} \alpha^0_0 & -\alpha^1_0 & -\alpha^2_0 & -\alpha^3_0 \\ -\alpha^0_1 & \alpha^1_1 & \alpha^2_1 & \alpha^3_1 \\ -\alpha^0_2 & \alpha^1_2 & \alpha^2_2 & \alpha^3_2 \\ -\alpha^0_3 & \alpha^1_3 & \alpha^2_3 & \alpha^3_3 \end{bmatrix} \tag{6.59'}$$

となる．また行列と逆行列とは可換で $BA=AB=I$ となるから，(6.60)とともに

$$\alpha^\mu_\lambda \beta^\lambda_\nu = \delta^\mu_\nu \tag{6.63}$$

を得る．関係式 (6.50)，(6.56)，(6.59)，(6.60)，(6.63) を使うと行列の成分の間の関係式

$$\begin{aligned}
\eta_{\lambda\rho}\alpha^\lambda_\mu\alpha^\rho_\nu &= \eta_{\mu\nu} \\
\eta^{\lambda\rho}\alpha^\mu_\lambda\alpha^\nu_\rho &= \eta^{\mu\nu} \\
\eta^{\lambda\rho}\beta^\mu_\lambda\beta^\nu_\rho &= \eta^{\mu\nu} \\
\eta_{\lambda\rho}\beta^\lambda_\mu\beta^\rho_\nu &= \eta_{\mu\nu}
\end{aligned} \tag{6.64}$$

を導くことができる．

6-4　4元ベクトル

ミンコフスキーの世界のベクトルは4個の成分をもつ物理量である．あるベクトルの成分 a^0, a^1, a^2, a^3 をまとめて a^μ $(\mu=0,1,2,3)$ とあらわしたとき，ローレンツ変換 (6.46) と同じ形の変換

$$a^{\mu\prime} = \alpha^\mu_\nu a^\nu \tag{6.65}$$

を受ける量を**反変ベクトル**という．反変という名のおこりは 6-2 節で説明したように，基本単位ベクトルの変換に比べて反変という意味である．**共変ベクトル** (a_μ) の成分は，反変ベクトル (a^μ) から

$$a_\mu = \eta_{\mu\nu}a^\nu \tag{6.66}$$

によって与えられる．定義 (6.66) の逆変換は基本テンソルの性質 (6.56) を使って

$$a^\nu = \eta^{\nu\mu}a_\mu \tag{6.67}$$

となる．共変ベクトルの変換は，(6.65)，(6.67) と (6.59) を使って，(6.66) から

6-4 4元ベクトル

$$a_\mu{}' = \eta_{\mu\nu}a^{\nu\prime} = \eta_{\mu\nu}\alpha^\nu_\lambda a^\lambda$$
$$= \eta_{\mu\nu}\alpha^\nu_\lambda\eta^{\lambda\rho}a_\rho = \beta^\rho_\mu a_\rho \tag{6.68}$$

となる. $\eta_{\mu\nu}$ の性質により反変ベクトルと共変ベクトルの違いは第0成分の符号が異なるだけである. すなわち

$$\boxed{(a_\mu) = (a_0, a_1, a_2, a_3) = (-a^0, a^1, a^2, a^3)}$$

となる.

ベクトルの例としては, 4元速度ベクトル

$$u^\mu = dx^\mu/d\tau \tag{6.69}$$

がある. 変換(6.47)と, $d\tau$ のローレンツ変換に対する不変性から, u^μ の変換は

$$u^{\mu\prime} = \alpha^\mu_\nu u^\nu$$

となる. 固有時間 $d\tau$ のように, ローレンツ変換に対して不変な物理量を**スカラー**という.

ベクトル (a^μ) と (b^μ) の**内積**は

$$\eta_{\mu\nu}a^\mu b^\nu = a^\mu b_\mu$$

で定義される. ベクトルの内積はローレンツ変換に対して不変なのでスカラーである. ベクトル $\boldsymbol{a}$ の長さの2乗は

$$\|\boldsymbol{a}\|^2 = -(a^0)^2 + (a^1)^2 + (a^2)^2 + (a^3)^2$$
$$= -(a_0)^2 + (a_1)^2 + (a_2)^2 + (a_3)^2 = a^\mu a_\mu$$

であることを注意しておこう.

ニュートン力学における重力ポテンシャルや, 電磁気学のクーロンポテンシャルのように, 場所によって異なる値をとり, 座標変数の関数としてあらわされる物理量を**場の量**という. 場の量の中でいちばん簡単な量は**スカラー場**(scalar field)である. スカラー場はローレンツ変換に対して値が変わらない. スカラー場を $S(x)=S(x^0, x^1, x^2, x^3)$ とあらわしたとき, ローレンツ変換(6.46)によって

$$S'(x') = S(x) \tag{6.70}$$

となる. すなわち, ローレンツ変換によって一般には関数形は変わるが, 同一

時空点における値は不変である.

スカラー場を時空座標 x^μ で偏微分した量を

$$\frac{\partial S(x)}{\partial x^\mu} = \partial_\mu S(x) = S_{,\mu}(x) \tag{6.71}$$

と書く. ローレンツ変換をしたスカラー場の微分について考えると, $S'(x')$ を $x^{\mu\prime}$ で偏微分して

$$S'_{,\mu}(x') = \partial_\mu' S'(x') = \frac{\partial S'(x')}{\partial x^{\mu\prime}}$$

となる. ところが (6.70) により $S'(x')$ は $S(x)$ に等しいが, (6.62) により $S(x)$ を $x^{\mu\prime}$ の合成関数と考えることにより

$$\frac{\partial S'(x')}{\partial x^{\mu\prime}} = \frac{\partial x^\nu}{\partial x^{\mu\prime}} \frac{\partial S(x)}{\partial x^\nu}$$

$$= \beta_\mu^\nu \frac{\partial S(x)}{\partial x^\nu}$$

となる. したがって変換公式

$$S'_{,\mu}(x') = \beta_\mu^\nu S_{,\nu}(x) \tag{6.72}$$

を得る. この変換を (6.68) と比較すると, $S_{,\mu}(x)$ は共変ベクトルとしての変換を受けることがわかる. このように共変ベクトルとして変換する場の量を**共変ベクトル場**という. 共変ベクトル場を $V_\mu(x)$ と書くと, これはローレンツ変換 (6.46) によって, 変換

$$V_\mu'(x') = \beta_\mu^\nu V_\nu(x) \tag{6.73}$$

を受ける. また, **反変ベクトル場** $V^\mu(x)$ を

$$V^\mu(x) = \eta^{\mu\nu} V_\nu(x) \tag{6.74}$$

によって定義することができる.

スカラー場 $S(x)$ を x^μ で偏微分して共変ベクトル場をつくることができたことからわかるように, 微分演算子

$$\partial_\mu = \frac{\partial}{\partial x^\mu}$$

は共変ベクトルと同じ変換を受ける. すなわち ∂_μ は

$$\partial_\mu' = \beta_\mu^\nu \partial_\nu \tag{6.75}$$

という変換を受けるので，共変ベクトル演算子とよぶことができる．

6-5　テンソル

ベクトル (a^μ) と (b^ν) の成分の積 $a^\mu b^\nu$ であらわされる量を，2つのベクトルのテンソル積という．これを2次元時空の場合に書くと

$$\begin{bmatrix} a^0 b^0 & a^0 b^1 \\ a^1 b^0 & a^1 b^1 \end{bmatrix}$$

である．テンソル積の変換は

$$\begin{aligned} a^{\mu'} b^{\nu'} &= \alpha_\lambda^\mu a^\lambda \alpha_\rho^\nu b^\rho \\ &= \alpha_\lambda^\mu \alpha_\rho^\nu a^\lambda b^\rho \end{aligned} \tag{6.76}$$

となる．ベクトルのテンソル積と同じ形の変換

$$t^{\mu\nu'} = \alpha_\lambda^\mu \alpha_\rho^\nu t^{\lambda\rho} \tag{6.77}$$

を受ける量 $t^{\mu\nu}$ を考えることができる．このような変換を受ける量を一般にテンソル (tensor) という．とくに $t^{\mu\nu}$ の場合は，添字が2個であるから2階のテンソルという．また2個の添字は2つとも反変成分をあらわすから，$t^{\mu\nu}$ のことを2階反変テンソルとよぶ．基本テンソル $\eta_{\mu\nu}$ を2階反変テンソルにかけて添字について和をとることにより，反変成分と共変成分がある2階混合テンソル

$$t^\mu{}_\nu = \eta_{\nu\lambda} t^{\mu\lambda}$$

と，2階共変テンソル

$$t_{\mu\nu} = \eta_{\mu\lambda} t^\lambda{}_\nu = \eta_{\mu\lambda} \eta_{\nu\rho} t^{\lambda\rho} \tag{6.78}$$

をつくることができる．これらのテンソルのローレンツ変換による変換は，(6.59) からそれぞれ

$$t^\mu{}_\nu' = \alpha_\lambda^\mu \beta_\nu^\rho t^\lambda{}_\rho \tag{6.79}$$

$$t_{\mu\nu}' = \beta_\mu^\lambda \beta_\nu^\rho t_{\lambda\rho} \tag{6.80}$$

となる．また，$t^{\mu\nu}$ をもちいて

$$t^{(\mu\nu)} = t^{(\nu\mu)} \equiv (1/2)(t^{\mu\nu} + t^{\nu\mu})$$

をつくることができる．これは添字 μ, ν について対称化されたので**対称テンソル**という．この対称性はローレンツ変換を行なっても変わらない．すなわち

$$t^{(\mu\nu)\prime} = \alpha^\mu_\lambda \alpha^\nu_\rho t^{(\lambda\rho)} = \alpha^\mu_\lambda \alpha^\nu_\rho t^{(\rho\lambda)}$$
$$= \alpha^\nu_\rho \alpha^\mu_\lambda t^{(\rho\lambda)} = t^{(\nu\mu)\prime}$$

となる．添字について反対称化した**反対称テンソル**

$$t^{[\mu\nu]} = -t^{[\nu\mu]} \equiv (1/2)(t^{\mu\nu} - t^{\nu\mu})$$

についても同様で，反対称性はローレンツ変換によって変わらない．

基本テンソル $\eta_{\mu\nu}$ は2階共変対称テンソルで，ローレンツ変換をしてもその成分の値が不変な，特別のテンソルであることが次のようにしてわかる．2階であることは添字が2つであることから明らかであり，対称性は $\eta_{\mu\nu}$ の定義 (6.44) からわかる．また変換性は (6.80) と (6.64) の第4式から

$$\eta_{\mu\nu}{}' = \beta^\lambda_\mu \beta^\rho_\nu \eta_{\lambda\rho} = \eta_{\mu\nu} \tag{6.81}$$

となり，成分が不変な共変テンソルであることがわかる．同様に $\eta^{\mu\nu}$ はローレンツ変換をしても成分が不変な2階反変対称テンソルであることが，$\eta^{\mu\nu}$ の定義 (6.55) と，変換 (6.77) に (6.64) の第2式を適用してみるとわかる．すなわち

$$\eta^{\mu\nu\prime} = \alpha^\mu_\lambda \alpha^\nu_\rho \eta^{\lambda\rho} = \eta^{\mu\nu} \tag{6.82}$$

ローレンツ変換をしても成分の値が不変なもう1つのテンソルとして，2階混合テンソル δ^μ_ν がある．すなわち混合テンソルの変換公式 (6.79) と (6.63) から

$$\delta^\mu_\nu{}' = \alpha^\mu_\lambda \beta^\rho_\nu \delta^\lambda_\rho = \alpha^\mu_\lambda \beta^\lambda_\nu$$
$$= \delta^\mu_\nu \tag{6.83}$$

を得る．

角運動量 ニュートン力学で学んだ角運動量をミンコフスキーの世界に拡張したものは，2階反対称テンソルの例である．すなわち，物体の質量を m として，4元速度 (6.69) により**4元運動量ベクトル** p^μ を

$$p^\mu = m u^\mu \tag{6.84}$$

と定義する．このとき時空座標の原点のまわりの角運動量テンソル $m^{\mu\nu}$ は

$$m^{\mu\nu} = x^\mu p^\nu - x^\nu p^\mu \tag{6.85}$$

によって定義される2階反対称テンソルである。反対称テンソルの独立成分は6個である。角運動量についてみれば，

$$m^{23} = -m^{32}, \qquad m^{31} = -m^{13}, \qquad m^{12} = -m^{21}$$
$$m^{01} = -m^{10}, \qquad m^{02} = -m^{20}, \qquad m^{03} = -m^{30}$$

の6個が独立成分で，その他の成分は

$$m^{\mu\nu} = -m^{\nu\mu} = 0 \qquad (\mu = \nu)$$

となる。ニュートン力学では3次元空間で考えるから，角運動量の独立成分はたまたま3個となり，

$$L_x = m^{23}, \qquad L_y = m^{31}, \qquad L_z = m^{12}$$

と定義することにより**角運動量ベクトル**という名前がつけられたのである。この3次元角運動量の定義は位置ベクトルと運動量のベクトル積による定義 $\boldsymbol{L} = \boldsymbol{r} \times \boldsymbol{p}$ に一致する。ローレンツ変換を行なっても角運動量は4元ベクトルにはならず，2階反対称テンソルとして変換される。

　　高階テンソル　ベクトルやテンソルの成分の積をつくると，任意の個数の添字をもった量ができる。一般にスカラー量は添字のないテンソルとみなせる。これを0階テンソルといってもよい。ベクトルは添字が1個なので1階のテンソルである。$t^{\mu\nu}$ のようなテンソルは添字が2個なので2階のテンソルである。3個以上任意の個数の添字をもち，それぞれの添字について上付きなら反変ベクトルと同じ変換を受け，下付きなら共変ベクトルと同じ変換を受ける量は一般に**高階のテンソル**という。これを式で書くと

$$t^{\mu_1 \cdots \mu_m}{}_{\nu_1 \cdots \nu_n}{}' = \alpha^{\mu_1}_{\lambda_1} \cdots \alpha^{\mu_m}_{\lambda_m} \beta^{\rho_1}_{\nu_1} \cdots \beta^{\rho_n}_{\nu_n} t^{\lambda_1 \cdots \lambda_m}{}_{\rho_1 \cdots \rho_n}$$

という変換を受ける量がテンソルである。この例のように，上付きの添字が m 個，下付きの添字が n 個あるテンソルを $(\boldsymbol{m}, \boldsymbol{n})$ 型のテンソルという。この表現を使うと，スカラーは添字の数が0なので $(0, 0)$ 型，反変ベクトル a^μ は $(1, 0)$ 型，基本テンソル $\eta_{\mu\nu}$ は $(0, 2)$ 型のテンソルということになる。

　　上付き添字と下付き添字の両方の添字をもつテンソルについては，上付き添字1個と下付き添字1個をそろえて0から3までの和をとることにより，階数が2だけ低いテンソルになる。たとえば $(2, 1)$ 型テンソル $t^{\mu\nu}{}_\lambda$ の ν と λ を揃え

122　　**6**　ローレンツ変換の4次元的定式化

て $\lambda = \nu$ とおき

$$t^{\mu\nu}{}_\nu = t^{\mu 0}{}_0 + t^{\mu 1}{}_1 + t^{\mu 2}{}_2 + t^{\mu 3}{}_3$$
$$= t^\mu \tag{6.86}$$

とすると，t^μ は $(1,0)$ 型テンソル，すなわち反変ベクトルとなる．上下の添字をそろえて2階低いテンソルを作る操作を**縮約**(contraction)という．

　時空点の関数として表わされるテンソルを**テンソル場**という．テンソル場を時空変数 x^μ で偏微分した量を考えると，もとのテンソルより下付き添字が1つ多いテンソルが得られる．たとえば共変ベクトル場 $A_\mu(x)$ を偏微分すると

$$A_{\mu,\nu}(x) = \partial_\nu A_\mu(x) = \frac{\partial A_\mu(x)}{\partial x^\nu} \tag{6.87}$$

は $(0,2)$ 型，すなわち2階共変テンソルである．証明は (6.72) を示した方法と同様にしてできる．

第6章問題

[1]　次の等式を示せ．
$$\cos i\xi = \cosh\xi, \quad \sin i\xi = i\sinh\xi$$
$$\cosh^2\xi - \sinh^2\xi = 1$$

[2]　変換 (6.34) を示せ．

[3]　行列の方程式 (6.19) が成り立つとき $AC = I$ となる行列 C は B に等しいことを示せ．

[4]　関係式 (6.8) が成立するとき，次の関係式を示せ．
$$(\alpha^0_0)^2 - (\alpha^0_1)^2 = (\alpha^1_1)^2 - (\alpha^1_0)^2 = 1$$
$$\alpha^0_0\alpha^1_0 - \alpha^1_1\alpha^0_1 = 0$$

[5]　ベクトルの内積 $((a^\mu),(b^\mu)) = a_0 b^0 + a_1 b^1$ がローレンツ変換 (6.3) に対して不変な量であることを示せ．

[6]　関係式 (6.64) を導け．

[7]　(6.74) の $V^\mu(x)$ が反変ベクトルとしての変換をすることを示せ．

[8]　縮約による (6.86) の t^μ が反変ベクトルとなることを示せ．

日本を訪れたアインシュタイン

アインシュタインは1922年(大正11年)10月8日，マルセーユ出帆の北野丸で夫人とともに日本へ向う旅に出た．そして神戸に11月17日に到着，京都で一泊して，翌18日汽車で東京へ行った．19日の慶応義塾大学での講演を皮切りに，日本各地で相対性理論についての講演を行なった．そして福岡講演を最後に，12月29日，門司出帆の榛名丸で日本を後にしたのである．

アインシュタインを日本へ招待したのは，改造社の山本実三であった．講演はドイツ語で行なわれたが，東北帝国大学教授石原純の日本語訳が，雑誌『改造』に掲載された．またアインシュタインと同行して日本各地をまわった岡本一平の「アインシュタイン博士の人間味」という文章と漫画が，アインシュタインの愛すべき人柄を楽しく伝えている．これらの『改造』の記事は，1971年に『アインシュタイン講演録——日本を訪れた科学の巨匠』(東京図書)という単行本として再版されているので一読されるとよい．アインシュタイン自身が語った相対性理論の入門的解説はたいへん興味深いものである．筆者が特に感銘を受けたのは，京都大学の学生が主催した歓迎会での演説「いかにして私は相対性理論を創ったか」である．ここでは特殊相対性理論と一般相対性理論を生み出したときの苦心談や，それぞれの場合に友人たちとの交流がいかに役立ったかが語られている．

京都・知恩院本堂にて(1922年12月．撮影：浜本浩)

7

相対論的力学

ガリレイ変換に対して不変なニュートンの運動方程式から出発して，ローレンツ変換に対して不変な運動方程式，すなわち，相対論的な力学の運動方程式を導こう．こうして得られた運動方程式は，物体の速さが光の速さに比べて無視できるほど小さいときには，もちろんニュートンの運動方程式に一致する．また，相対論的力学から物体を加速して運動のエネルギーを計算し，質量とエネルギーの同等性も明らかにすることができる．

7-1 相対論的運動方程式

慣性系どうしの相対速度の大きさ V が光速 c に比べて非常に小さいとき，すなわち

$$V/c \ll 1$$

のときには，1に比べて V/c を無視できて，ローレンツ変換(5.17)は

$$x' = x - Vt, \quad y' = y, \quad z' = z, \quad t' = t$$

となる．これは(2.14)で $V_x = V$，$V_y = V_z = 0$ とおいたガリレイ変換と同じである．このような近似が使える場合にはニュートンの運動方程式はよい近似で成り立つと考えられる．そこで

> 物体の速度が0である瞬間には，ニュートンの運動方程式が厳密に成立する． (7.1)

と仮定する．

物体が力を受けているときには，ニュートンの運動の第2法則により加速度運動をする．したがって物体の速度は刻々と変化する．しかしながら，ある瞬間で考えると，その瞬間には物体が静止してみえる慣性系が存在する．たとえば図7-1のように速さ V で等速直線運動をしている電車の中で，ボールを垂直上方に投げ上げた場合を考える．このボールを地上から観察すると放物運動をしている．ボールが最高点に達した瞬間を考えると，地上に対してボールは速さ V の速度をもっているが，電車に対してはボールは相対的に静止している．この瞬間にボールが静止して見える慣性系とは電車のことである．以上のようなことから，以下のように考察を進める．

物体が瞬間的に静止して見える慣性系を $\bar{\mathrm{S}}$ とし，この系における時間を $\bar{t}$，位置座標を $\bar{\boldsymbol{r}} = (\bar{x}, \bar{y}, \bar{z})$ とし，時刻 $\bar{t} = \bar{t}_0$ のとき，考えている物体は位置ベクトル $\bar{\boldsymbol{r}}_0 = (\bar{x}_0, \bar{y}_0, \bar{z}_0)$ の点に静止しているとする．この問題を初期値問題として扱おう．まず，物体の位置ベクトルを $\bar{\boldsymbol{r}}(\bar{t})$，速度ベクトルを $\bar{\boldsymbol{v}}(\bar{t})$ であらわしたと

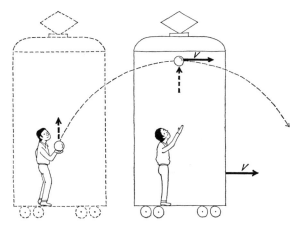

図7-1 瞬間的静止系.

き,時刻 $\bar{t}=\bar{t}_0$ において

$$\bar{r}(\bar{t}_0) = \bar{r}_0, \quad \bar{v}(\bar{t}_0) = \left(\frac{d\bar{r}}{d\bar{t}}\right)_{\bar{t}=\bar{t}_0} = 0$$

とする.そして,物体の質量を m,物体に加えられている力を $\bar{f}$ とすると,仮定(7.1)により運動方程式

$$m\left(\frac{d^2\bar{r}}{d\bar{t}^2}\right)_{\bar{t}=\bar{t}_0} = \bar{f} \tag{7.2}$$

が成り立つ.

　微分方程式(7.2)の微分の変数 $\bar{t}$ は,ミンコフスキーの世界の第0座標 $\bar{x}^0 = c\bar{t}$ にあらわれる座標時間である.したがってローレンツ変換に際しては $d\bar{t}$ はミンコフスキーの世界のベクトル,すなわち4元ベクトル dx^μ の第0成分を c でわった量として変換を受ける.そのために,座標時間で微分された量は,たとえば速度ベクトル $\bar{v} = d\bar{r}/d\bar{t}$ の変換は(5.43)のような,複雑な変換となる.運動方程式にあらわれる加速度は,分母に $d\bar{t}^2$ があり,この量は4元ベクトルのテンソル積 $dx^\mu dx^\nu$ の第00成分を c^2 でわった量 $dx^0 dx^0/c^2$ であるから,変換性は速度のときよりさらに複雑になる.そこで,座標時間 $\bar{t}$ のかわりに,ローレンツ変換に対して不変な変数である固有時間 τ を用いた方が便利である.固

128 **7** 相対論的力学

有時間というのは物体に固有な時間，あるいはその物体が瞬間的に静止して見える慣性系に固有な時間である．したがって固有時間は物体が静止して見える慣性系，すなわち物体の静止系の座標時間に一致している．そのことは(5.29)から明らかで，静止系では$d\bar{x}=d\bar{y}=d\bar{z}=0$ であるから

$$d\tau = \sqrt{d\bar{t}^2-(1/c^2)(d\bar{x}^2+d\bar{y}^2+d\bar{z}^2)}$$
$$= d\bar{t}$$

となる．すなわち慣性系 $\bar{S}$ においては，時刻 $\bar{t}_0$ には運動方程式(7.2)の $d\bar{t}$ を $d\tau$ で置き換えてよいことになる．慣性系 $\bar{S}$ では時刻 $\bar{t}_0$ に厳密に成り立つと仮定されたニュートンの運動方程式(7.2)は

$$m\frac{d^2\bar{\boldsymbol{r}}}{d\tau^2} = \bar{\boldsymbol{f}}$$

と書くことができる．

ここで位置座標の変数を

$$\bar{x}^1 = \bar{x}, \quad \bar{x}^2 = \bar{y}, \quad \bar{x}^3 = \bar{z}$$

と書き，力の成分を

$$\bar{f}^1 = \bar{f}_x, \quad \bar{f}^2 = \bar{f}_y, \quad \bar{f}^3 = \bar{f}_z \tag{7.3}$$

と書くことにする．これらの成分を用いると，運動方程式は

$$m\frac{d^2\bar{x}^k}{d\tau^2} = \bar{f}^k \quad (k=1,2,3)$$

と書ける．この方程式は空間の 3 成分であるが，この式の左辺の時間成分にあたる第 0 成分を計算すると，慣性系 $\bar{S}$ では $d\tau=d\bar{t}$ であるから

$$m\frac{d^2\bar{x}^0}{d\tau^2} = mc\frac{d^2\bar{t}}{d\tau^2} = mc\frac{d^2\bar{t}}{d\bar{t}^2}$$

$$= mc\frac{d}{d\bar{t}}\left(\frac{d\bar{t}}{d\bar{t}}\right) = mc\frac{d}{d\bar{t}}(1) = 0$$

となる．そこで $\bar{S}$ における力の 4 元ベクトルの第 0 成分の時刻 $\bar{t}_0$ における値を

$$(f^0)_{\bar{t}=\bar{t}_0} = f^0 = 0$$

と定義すると，形式的に

7–1 相対論的運動方程式

$$m\frac{d^2\bar{x}^0}{d\tau^2} = \bar{f}^0$$

と書ける．このような量を考えると，$\bar{S}$における物体の運動方程式は形式的に4成分の方程式として

$$m\frac{d^2\bar{x}^\mu}{d\tau^2} = \bar{f}^\mu \qquad (\mu=0,1,2,3) \tag{7.4}$$

と書ける．本書では以後添字がギリシア文字で書かれている場合には，特にことわらないかぎり$0,1,2,3$の4つの値をとるものとする．運動方程式(7.4)は形式的には4成分の方程式であるが，上述のとおり第0成分は$0=0$をあらわしているから，独立な方程式の成分の数は3個である．

運動方程式(7.4)の独立成分の数は3であるが，左辺の$d^2\bar{x}^\mu/d\tau^2$は4元速度ベクトル$\bar{u}^\mu = d\bar{x}^\mu/d\tau$を，ローレンツ不変な固有時間$\tau$で微分した量である．したがって$d^2\bar{x}^\mu/d\tau^2$は4元加速度ベクトル（反変ベクトル）である．すなわち，等式(7.4)で定義される$\bar{f}^\mu$は反変ベクトルの成分である．運動方程式(7.4)は特別な慣性系$\bar{S}$の時刻$\bar{t}_0$における特別な方程式として導入した．したがって，$\bar{t}=\bar{t}_0$では(7.4)とニュートンの方程式が一致することがわかる．しかし(7.4)は相対論的に不変な形をしているので，任意の時刻において成り立つと考えてよい．

慣性系$\bar{S}$から任意の慣性系Sの座標系へ，ローレンツ変換

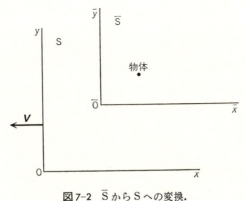

図7–2　$\bar{S}$からSへの変換．

130　　　　　　　　　　**7**　相対論的力学

$$x^\mu = \alpha^\mu_\nu \bar{x}^\nu$$

によって変換することができる．すると力の4元ベクトルは

$$f^\mu = \alpha^\mu_\nu \bar{f}^\nu$$

により変換される．このようにして任意の慣性系Sにおける物体の相対論的運動方程式として

$$m\frac{d^2 x^\mu}{d\tau^2} = m\frac{du^\mu}{d\tau} = f^\mu \tag{7.5}$$

を得る．ここで u^μ は(6.21)で定義された4元速度

$$u^\mu = \frac{dx^\mu}{d\tau} \tag{7.6}$$

である．

　運動方程式(7.5)の右辺 f^μ を**4元力**(four-force)という．これは4次元ベクトルであるが，(7.3)の3成分で書けていたので，独立成分は3個である．このことは4元速度 u^μ の独立成分が3個であることと関連している．すなわち(6.45)から

$$\eta_{\mu\nu}dx^\mu dx^\nu = -c^2 d\tau^2$$

であるが，両辺を $d\tau^2$ でわって

$$\eta_{\mu\nu}u^\mu u^\nu = -c^2 \tag{7.7}$$

となる．4個の成分 u^μ の間に成り立つ関係式(7.7)があるので，(7.6)の u^μ の独立成分は3個であることを示している．両辺を固有時 τ で微分すると

$$2\eta_{\mu\nu}u^\mu \frac{du^\nu}{d\tau} = 2\eta_{\mu\nu}\frac{dx^\mu}{d\tau}\frac{d^2 x^\nu}{d\tau^2} = 0 \tag{7.8}$$

を得る．ここで(7.7)の左辺は μ と ν について0から3まで加えているので，u^μ を微分したのと u^ν を微分したのが同じ結果を与えるので係数2がついたのである．したがって(7.5)の両辺に

$$\eta_{\nu\mu}\frac{dx^\nu}{d\tau} = \eta_{\nu\mu}u^\nu$$

をかけて μ について0から3までの和をとると，左辺は $m\eta_{\nu\mu}u^\nu \dfrac{du^\mu}{d\tau}$ となるから，(7.8)により0となる．そこで，右辺から4元力の成分の間の関係式

7-2 物体の運動量とエネルギー

$$\eta_{\nu\mu}\frac{dx^\nu}{d\tau}f^\mu = \eta_{\nu\mu}u^\nu f^\mu = 0 \tag{7.9}$$

が得られる. この関係式は4元力に対してつねに成り立つものである. すなわち, 4元力の4個の成分の間には, つねに関係式(7.9)があるため, 一般に4元力の独立成分は3個であることを示している. なお, 4元速度 u^μ の独立成分が3個であることは(6.7)と(7.6)から得られる式 $u^\mu=dx^\mu/d\tau=(dx^\mu/dt)(dt/d\tau)=(dx^\mu/dt)/\sqrt{1-v^2/c^2}$ を用いて直接示すことができる. すなわち

$$u^0 = \frac{c}{\sqrt{1-v^2/c^2}}, \qquad \boldsymbol{u} = \frac{\boldsymbol{v}}{\sqrt{1-v^2/c^2}} \tag{7.10}$$

と書けるので, 4個の成分 u^μ は $\boldsymbol{v}$ の3個の成分で書けることがわかる. ここで $\boldsymbol{u}, \boldsymbol{v}$ は

$$\boldsymbol{u} = (u^1, u^2, u^3), \ \ \boldsymbol{v} = (v_x, v_y, v_z)$$

のことである.

運動方程式を(7.5)のように4元ベクトルで表わし右辺を左辺に移項すると

$$V^\mu = md^2x^\mu/d\tau^2 - f^\mu = 0$$

と書くことができる. この式にローレンツ変換をほどこすと次式のようになる.

$$V^{\mu\prime} = \alpha_\nu^\mu V^\nu = 0$$

したがって慣性系が変わっても運動方程式は同じ形で成り立っていることが一目瞭然となる. このことを運動方程式がローレンツ変換に対して**共変**(covariant)であるという. 法則を4元ベクトルや4次元テンソルで表わすことの効用の1つは, ローレンツ変換に対する共変性が一目瞭然となることである.

7-2 物体の運動量とエネルギー

ニュートン力学における運動量は質量 m と速度 $\boldsymbol{v}$ の積 $m\boldsymbol{v}$ で定義される. これにならって相対論的力学では

$$p^\mu = mu^\mu = m\frac{dx^\mu}{d\tau} \tag{7.11}$$

を**4元運動量**(four-momentum) と定義する. この定義を使うと, 物体の運動方程式(7.5)は

$$\frac{dp^\mu}{d\tau} = f^\mu \tag{7.12}$$

と書ける. 定義(7.11)からわかるように, 4元運動量 p^μ の独立成分は4元速度 u^μ と同じ3個である. すなわち4元速度の成分の間の関係式(7.7)から

$$\eta_{\mu\nu}p^\mu p^\nu = m^2\eta_{\mu\nu}u^\mu u^\nu = -m^2c^2 \tag{7.13}$$

という関係式を得る.

ここで定義した4元運動量の空間成分は, (7.11)と(7.10)の第2式から

$$\boldsymbol{p} = m\boldsymbol{u} = \frac{m\boldsymbol{v}}{\sqrt{1-v^2/c^2}} \tag{7.14}$$

となる. この式で $v^2/c^2 \ll 1$ のとき1に対して v^2/c^2 を無視すると, 近似的に $\boldsymbol{p} = m\boldsymbol{v}$ となるから, p^μ はニュートン力学の運動量の自然な4次元的拡張になっているといえる.

運動量の空間成分の座標時間 t による変化の割り合いを考えると, (6.7)を変形した

$$\frac{d\tau}{dt} = \sqrt{1-v^2/c^2} \tag{7.15}$$

を使って, (7.12)から

$$\frac{d\boldsymbol{p}}{dt} = \frac{d\boldsymbol{p}}{d\tau}\frac{d\tau}{dt} = \boldsymbol{f}\sqrt{1-v^2/c^2}$$

を得る. ここで $\boldsymbol{f}$ は3次元空間ベクトル

$$\boldsymbol{f} = (f^1, f^2, f^3)$$
$$= (f_x, f_y, f_z)$$

である. ニュートンの運動の第2法則によると, 運動量が時間によって変化する割り合いが力であるから,

$$\boxed{\boldsymbol{F} = \boldsymbol{f}\sqrt{1-v^2/c^2}} \tag{7.16}$$

を相対論的力学における**ニュートン力**と定義する.

7-2 物体の運動量とエネルギー   133

つぎに，運動量の時間成分の意味を考えてみる．それの座標時間 t による変化の割り合いを考える．(7.15)と(7.12)から

$$\frac{dp^0}{dt} = \frac{dp^0}{d\tau}\frac{d\tau}{dt} = f^0\sqrt{1-v^2/c^2} \tag{7.17}$$

を得る．ところで4元力のみたす関係式(7.9)を $\eta_{\mu\nu}$ の定義(6.44′)すなわち $\eta_{00}=-1$, $\eta_{11}=\eta_{22}=\eta_{33}=1$, $\eta_{\mu\nu}=0\,(\mu\neq\nu)$ を使って書き換えると

$$-\frac{dx^0}{d\tau}f^0+\left(\frac{d\boldsymbol{r}}{d\tau}\cdot\boldsymbol{f}\right) = -\frac{cdt}{d\tau}f^0+\left(\frac{d\boldsymbol{r}}{dt}\cdot\boldsymbol{f}\right)\frac{dt}{d\tau} = 0$$

となる．この式から f^0 を求めると

$$f^0 = \frac{1}{c}\left(\frac{d\boldsymbol{r}}{dt}\cdot\boldsymbol{f}\right)$$

を得る．ここで $(\boldsymbol{a}\cdot\boldsymbol{b})$ は3次元空間におけるベクトル $\boldsymbol{a}$ と $\boldsymbol{b}$ のスカラー積(内積)

$$(\boldsymbol{a}\cdot\boldsymbol{b}) = a^1b^1+a^2b^2+a^3b^3$$
$$= a_xb_x+a_yb_y+a_zb_z$$

をあらわす．ここで得た f^0 を(7.17)に代入すると

$$\frac{dp^0}{dt} = \frac{1}{c}\left(\frac{d\boldsymbol{r}}{dt}\cdot\boldsymbol{f}\right)\sqrt{1-v^2/c^2}$$

となる．この式の両辺に c をかけ，ニュートン力の定義(7.16)を使うと

$$\frac{d(cp^0)}{dt} = \left(\frac{d\boldsymbol{r}}{dt}\cdot\boldsymbol{F}\right) \tag{7.18}$$

を得る．この式の右辺はニュートン力学における意味で速度と力の内積になっている．この内積は外力 F が物体におよぼす仕事の増加率，すなわち物体のエネルギーの増加率をあらわしている．このことから左辺の cp^0 は物体のエネルギーであると考えられる．このエネルギーを E と書くと，(7.11)の時間成分，すなわち第0成分から

$$E = cp^0 = mc\frac{dx^0}{d\tau} = mc^2\frac{dt}{d\tau}$$

したがって(7.15)の逆数を使って

134 **7 相対論的力学**

$$E = cp^0 = \frac{mc^2}{\sqrt{1-v^2/c^2}}$$ (7.19)

を得る.

ここで 4 元運動量の成分の間の関係式 (7.13) を $\eta_{\mu\nu}$ の定義 (6.44′) を使って書き直すと

$$-(p^0)^2 + (\boldsymbol{p})^2 = -m^2c^2$$

となる. ここで $(\boldsymbol{p})^2 = p^2$ と書き, 両辺に c^2 をかけてエネルギーの式 (7.19), すなわち $E = cp^0$ を用いると

$$E^2 = c^2p^2 + m^2c^4$$ (7.20)

を得る. エネルギーと運動量の間の関係式 (7.20) を**エネルギー・運動量関係式**という.

質量とエネルギーの同等性 エネルギーの関係式 (7.19) で $v=0$ とおいたエネルギーの値を E_0 と書くと

$$E_0 = mc^2$$ (7.21)

を得る. このことは, 特殊相対性理論では, 速度が 0 である静止している物体もエネルギーをもっていることを示している. このエネルギーを**静止エネルギー** (rest energy) という. (7.21) は質量とエネルギーが同等であることを示している有名な関係式でアインシュタインによって発見されたものである. 質量とエネルギーの同等性の発見は, 今日の新しいエネルギー源として利用されていることに結びついている.

慣性質量に光速 c の 2 乗をかけたものがエネルギーと同等であるとすると, 逆に運動している物体の慣性質量はエネルギーを光速 c の 2 乗でわったものであると考えることもできる. このような見方をすると, 運動する物体の慣性質量 E/c^2 は速さが大きくなればなるほど増大するといえる. このように質量を考えるときには, m を**静止質量**という.

例題1 特殊相対性理論におけるエネルギーとニュートン力学におけるエネルギーとの関係をしらべよ.

7-2 物体の運動量とエネルギー 135

　[解]　エネルギーと速さの関係式(7.19)において，$v^2/c^2 \ll 1$とし，v^2/c^2について2項展開する．展開の第2項までとると，2項定理$(1+x)^n = 1+nx+\cdots$により

$$E = mc^2\left(1-\frac{v^2}{c^2}\right)^{-1/2} \cong mc^2\left(1+\frac{1}{2}\frac{v^2}{c^2}\right) = mc^2 + \frac{1}{2}mv^2$$

となる．この式の最右辺第2項はニュートン力学の運動エネルギー $K = \frac{1}{2}mv^2$ $= \frac{1}{2m}p^2$ である．▮

　すなわちニュートン力学における運動エネルギーは，相対論的エネルギーから静止エネルギーを差し引いたものに相当し，速度が小さいときの近似である．特殊相対性理論においても $E = \sqrt{c^2p^2 + m^2c^4}$ を全エネルギー，また

$$K = E - mc^2 = \sqrt{c^2p^2 + m^2c^4} - mc^2 \tag{7.22}$$

を運動エネルギーとよぶこともある．

　エネルギー，運動量と速度の間には(7.14)と(7.19)の比をとることにより，簡単な関係

$$\frac{\boldsymbol{p}}{E} = \frac{\boldsymbol{v}}{c^2}, \qquad \frac{c\boldsymbol{p}}{E} = \frac{\boldsymbol{v}}{c} \tag{7.23}$$

のあることがわかる．質量が有限の大きさをもっているときには，(7.14)と(7.19)から，$v=c$のとき物体の運動量とエネルギーは無限大になることがわかる．このことは有限な質量をもっている物体の速さは光速cに達することができないことを示している．このことは逆に，光速で運動する光は質量をもたないことを意味している．質量をもたない粒子に対しては(7.23)のベクトルの間の関係式から得られるベクトルの大きさの関係式

$$cp/E = v/c$$

で$v=c$とおいて

$$\boxed{p = \frac{E}{c}} \tag{7.24}$$

を得る．光はその進む方向に(7.24)で与えられる運動量pをもっていることになる．

負のエネルギー

　力を受けていない粒子，すなわち自由粒子のエネルギーは，粒子の質量を m，エネルギーを E，運動量の大きさを p と書くと，ニュートン力学では

$$E = \frac{1}{2m}p^2$$

で与えられる．運動量の大きさは実数であるから $E \geqq 0$ となる．ところが特殊相対性理論のエネルギー・運動量関係式は，光速を c として

$$E^2 = c^2p^2 + m^2c^4 \geqq m^2c^4 \tag{7.20}$$

で与えられる．この式からエネルギーを求めると

$$E = \pm\sqrt{c^2p^2 + m^2c^4}$$

となり，$E \geqq mc^2$ または $E \leqq -mc^2$ である．すなわち，正のエネルギーと同等な資格で負のエネルギーが現われる．ディラック(P. A. M. Dirac)は量子力学の波動方程式を特殊相対性原理に従うように改良したディラック方程式を1928年に発表し，量子力学でも負のエネルギー状態があることを示した．負エネルギーの状態に電子がいっぱいあるというのはたいへん考えにくいが，ディラックはすべての負の状態が電子によって満たされているのが真空であると考えた．そして負エネルギーの電子が正エネルギー状態にうつると観測される電子ができて，真空の方には電子がいなくなった孔ができる．この孔は電子と質量が同じで，電荷の大きさは電子と同じであるが陽電気を帯びた粒子として振舞うので，陽電子とよばれる．これを空孔理論という．陽電子はアンダーソン(Carl Anderson)によって1932年に発見された．

7-3 粒子の崩壊

　前節で，粒子が静止していて $v=0$ であっても静止エネルギー $E_0=mc^2$ をもっていることがわかり，質量とエネルギーの同等性がいえた．質量とエネルギーの同等性を実験的に示す例の一種として，原子核や素粒子の崩壊現象がある．ベクレル(Antoine Becquerel)がウラン鉱石から放射線が出ていることを発見した(1896年)のが崩壊現象発見のはじまりである．引きつづきキュリー夫妻(Pierre & Marie Curie)によりもっと強い放射線を出す新しい元素ラジウムが発見された(1898年)．これらの元素が出す放射線は，ラザフォード(Ernest Rutherford)らによって研究され，物質の透過力が異なる3種類に分類された．透過力の弱い放射線から順番に α 線，β 線，γ 線と名づけられた．原子核が放射線を放出して変化する現象を**崩壊**(decay)という．

　たとえば，ラジウム226が α 崩壊でラドン222に変わるときの式は

$$^{226}_{88}\mathrm{Ra} \rightarrow {}^{222}_{86}\mathrm{Rn} + {}^{4}_{2}\mathrm{He}$$

と表わされる．原子核から放出されるヘリウム原子核を α 粒子とよんでいたのである．このような反応では，静止質量の総和は減少する．しかし，この反応の前後では全エネルギー，運動量，質量数，電荷の総和は保存されることが実験により確かめられている．減少した静止質量は，崩壊によって飛び散る粒子の運動エネルギーに変わったのである．この関係は後に式で確かめることにしよう(139ページ参照)．

　上の例のように，1個のものが2個に崩壊する現象を2体崩壊という．これに対して，β 崩壊は1個のものが3個に崩壊する3体崩壊である．たとえば，ラジウム228が β 崩壊でアクチニウム228に変わるときの式は

$$^{228}_{88}\mathrm{Ra} \rightarrow {}^{228}_{89}\mathrm{Ac} + \mathrm{e}^- + \nu$$

と書かれる．原子核から放出される電子を β 線とよんでいたのであって，電子を e^- であらわしている．このとき同時に中性微子(neutrino)とよばれる粒子(ν で表わす)が同時に放出されていることが後になってわかった．中性微子は，

138   **7** 相対論的力学

現在の実験の精度では，静止質量が 0 であるとされている．質量が 0 であると
すると，中性微子は光と同様に，(7.20)で $m=0$ とおいて得られる式(7.24)が
成り立つので，速さは(7.23)からつねに光速 c である．励起状態にある原子核
が，基底状態へ遷移するときに放出される電磁波を γ 線とよぶ．

崩壊現象の前後のエネルギーと運動量の関係をしらべてみよう．簡単のため
に 2 体崩壊の場合を考える．静止質量 M の粒子が，静止質量がそれぞれ m_1 と
m_2 である 2 個の粒子に崩壊して飛び出す場合を考える．崩壊した後に生じた
2 粒子のエネルギーをそれぞれ E_1 および E_2 とする．質量 M の粒子が静止の
状態から崩壊すると，その静止エネルギーは Mc^2 である．したがってエネルギ
ーの保存則から

$$Mc^2 = E_1 + E_2 \tag{7.25}$$

となる．エネルギーと静止質量との関係は，(7.19)または(7.20)から，粒子が
運動していて $v>0$，すなわち $p>0$ となるときは，

$$E = \sqrt{c^2 p^2 + m^2 c^4} > mc^2$$

となる．したがって崩壊して生じた 2 粒子が飛び出して運動しているときには，
(7.25)が成り立つためには

$$M > m_1 + m_2 \tag{7.26}$$

となることが必要である．はじめの粒子，すなわち母粒子の質量が崩壊してで
きた粒子，すなわち娘粒子の質量の総和より大きい場合にのみ崩壊が起こる可
能性があることになる．

粒子の崩壊に際しては，エネルギーとともに運動量も保存される．崩壊前の
母粒子は静止していると仮定したので，運動量 $\boldsymbol{P}=\boldsymbol{0}$ である．崩壊後の 2 個の
娘粒子の運動量をそれぞれ $\boldsymbol{p}_1$ と $\boldsymbol{p}_2$ とすると，運動量の保存則から

$$\boldsymbol{P} = \boldsymbol{0} = \boldsymbol{p}_1 + \boldsymbol{p}_2 \tag{7.27}$$

となる．これから

$$p_1{}^2 = (\boldsymbol{p}_1)^2 = (-\boldsymbol{p}_2)^2 = p_2{}^2$$

を得る．よって，エネルギー・運動量関係式(7.20)により

$$p_1{}^2 c^2 = E_1{}^2 - m_1{}^2 c^4 = p_2{}^2 c^2 = E_2{}^2 - m_2{}^2 c^4 \tag{7.28}$$

7-3 粒 子 の 崩 壊　　　　　139

を得る．エネルギー保存則(7.25)と(7.28)から E_1 と E_2 は一義的に定まり

$$E_1 = \frac{M^2+m_1{}^2-m_2{}^2}{2M}c^2$$

$$E_2 = \frac{M^2-m_1{}^2+m_2{}^2}{2M}c^2$$

(7.29)

となる．運動量の大きさは，エネルギー・運動量関係式(7.20)と運動量保存則
(7.27)から

$$p_1 = p_2 = \sqrt{E_1{}^2-m_1{}^2c^4}/c$$
$$= c\sqrt{(M^2+m_1{}^2-m_2{}^2)^2-4M^2m_1{}^2}/2M$$
$$= c\sqrt{(M+m_1+m_2)(M+m_1-m_2)(M-m_1+m_2)(M-m_1-m_2)}/2M$$

(7.30)

となる．

崩壊後の2個の娘粒子の質量を

$$m_1 > m_2$$

とすると

$$E_1-E_2 = (m_1{}^2-m_2{}^2)c^2/M$$
$$= (m_1+m_2)(m_1-m_2)c^2/M > 0$$

となる．したがって

$$E_1 > E_2$$

を得る．娘粒子の速さをそれぞれ v_1 および v_2 とすると，2個の粒子の運動量
の大きさは(7.27)によって等しいから，$p=p_1=p_2$ と書くと，(7.23)から

$$v_1 = c^2p/E_1, \qquad v_2 = c^2p/E_2$$

となる．すなわち速さはエネルギーの大きさに反比例するから

$$v_2 > v_1$$

となることがわかる(図7-3)．天然放射性元素の α 崩壊の場合には，原子核は
母娘ともに質量数が200以上で，それに引きかえ α 粒子の質量数は4であるか
ら，崩壊の娘原子核はほとんど動かず，α 粒子は高速で飛び出す．

原子核の γ 崩壊における γ 線や荷電 π 中間子の μ 中間子と中性微子への崩壊

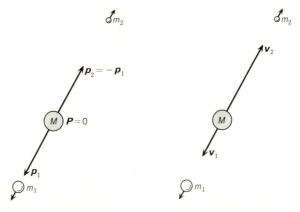

(a) 娘粒子の運動量   (b) 娘粒子の速度

図7-3 母粒子静止系における2体崩壊の運動量と速度.
$M > m_1 + m_2$, $m_1 > m_2$.

$$\pi^\pm \to \mu^\pm + \nu$$

における中性微子 ν のような場合には,崩壊後の一方の粒子の質量が 0 となる.このときは(7.29)と(7.30)において $m_2 = 0$ と置いて

$$E_1 = (M^2 + m_1^2)c^2/2M$$

$$E_2 = (M^2 - m_1^2)c^2/2M$$

$$p_1 = p_2 = (M^2 - m_1^2)c/2M$$

となる.このときの粒子の速さは,(7.23)から

$$v_1 = \frac{c^2 p_1}{E_1} = \frac{M^2 - m_1^2}{M^2 + m_1^2}c, \quad v_2 = \frac{c^2 p_2}{E_2} = c$$

となる.

以上では2体崩壊について考察してきたが,3体崩壊や,それ以上の崩壊現象を考えることもできる.これらの場合にも,崩壊が起こりうるかどうかの判定基準として,質量の間の(7.26)と同様な関係式が成り立つ.すなわち母粒子の質量を M,娘粒子の質量を m_i ($i = 1, 2, \cdots$) とすると,3体崩壊の場合には

$$M > m_1 + m_2 + m_3 \tag{7.31}$$

それ以上の場合には

$$M > \sum_i m_i \tag{7.32}$$

と書ける．ただ3体以上に崩壊するときには，2体崩壊の場合とは異なり，娘粒子のエネルギーや運動量の大きさを一義的に決定することはできない．

7-4 原子核の結合エネルギー

原子核は**陽子**(proton)p と**中性子**(neutron)n とで構成されている．その意味で陽子と中性子を総称して**核子**(nucleon)とよぶ．原子核の質量を精密に測定すると，原子核を構成している核子の質量の総和よりすこし小さな値となる．この質量の差を**質量欠損**(mass defect)という．最も単純な原子核は水素 ${}^1_1\mathrm{H}$ の原子核で，1個の陽子でできている．したがって当然質量欠損はない．つぎに簡単な原子核は重水素 ${}^2_1\mathrm{D}({}^2_1\mathrm{H})$ の原子核で，陽子1個と中性子1個でできている．原子の質量は**原子質量単位** u

$$1\,\mathrm{u} = 1.6605655 \times 10^{-27}\,\mathrm{kg}$$

で表わされることが多い．これはほぼ陽子や中性子の質量に等しい．この単位で中性子，水素，重水素の質量をあらわすと，それぞれ

$$m(\mathrm{n}) = 1.0086646\,\mathrm{u}$$

$$m({}^1_1\mathrm{H}) = 1.0078250\,\mathrm{u}$$

$$m({}^2_1\mathrm{D}) = 2.0141018\,\mathrm{u}$$

となる．したがってこの場合の質量欠損を Δm とすると

$$\Delta m = 0.0023878\,\mathrm{u}$$

となる．

原子核を構成する核子が集まって原子核になると，質量欠損に相当するエネルギーを放出することになる．原子核反応のエネルギーを表わすには MeV(メガ電子ボルト，メブ，エム・イー・ビーなどと読む)

$$1\,\mathrm{MeV} = 10^6\,\mathrm{eV}$$

$$= 1.6021892 \times 10^{-13}\,\mathrm{J}$$

を単位とするのが便利である．それは，1電子ボルトが，陽子のもっている電

気素量 e の電荷をもつ粒子が,真空中で電位差 1 V の 2 点間で加速されるときに得るエネルギーだからである.この単位であらわすと,原子質量単位に相当するエネルギーは

$$(1\ \mathrm{u})c^2 = 931.502\ \mathrm{MeV}$$

である.したがって重水素の原子核の質量欠損に相当するエネルギーは

$$\Delta mc^2 = 2.224\ \mathrm{MeV}$$

である.一般に質量欠損 Δm に相当するエネルギー Δmc^2 を原子核の**結合エネルギー**という.重水素の場合は核子の数は 2 個であるから,核子 1 個当りに結合エネルギーを平均した値は,上の値を 2 でわって,1.112 MeV となる.原子核の質量欠損も質量とエネルギーの同等性を示す一例である.

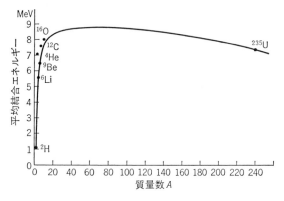

図 7-4 核子 1 個あたりの平均結合エネルギー.

図 7-4 は原子核の結合エネルギーの核子 1 個当りの平均の値を MeV 単位で示している.質量数が増加するにつれて,だんだん核子 1 個当りの平均結合エネルギーは増加していく.原子核を破壊してばらばらの核子にするためには,結合エネルギーに相当するエネルギーを外から加えなければならない.したがって,核子 1 個あたりの平均結合エネルギーが大きい値をもつ原子核ほど安定な原子核であるといえる.図 7-4 で滑らかに描かれた線から上にとび出している ^{4}He, ^{12}C, ^{16}O などの原子核は,前後の質量数をもつ原子核にくらべて,特に安定である.質量数 60 前後で核子 1 個当りの平均結合エネルギーが最大にな

7-4 原子核の結合エネルギー　　　　143

る．さらに質量数が増加していくとだんだん減少している．

　核子1個当りの平均結合エネルギーが大きい原子核の核子は，1個当りの質量が軽いことになる．そこでたとえば，質量数240のあたりと，その半分の質量数120のあたりの核子1個当りの平均結合エネルギーを比較すると，後者の方が前者よりも約1MeV大きいことがわかる．すなわち，質量数120近辺の原子核2個の質量の和の方が，質量数240近くの原子核1個の質量より軽くなる．したがって，粒子の崩壊が起こるための判定基準(7.32)を満たすことになる．ウラン，トリウム，プルトニウムのような重い原子核でこのような崩壊が実際におこる．原子核が，質量が極端には異ならない2つ以上の原子核に分裂する崩壊現象を**核分裂**(nuclear fission)という．このとき放出されるエネルギーは，上述のように核子1個当り約1MeVであるから，全体で約200MeVになる．このような莫大なエネルギーを利用して原子力が開発されている．外からの刺激なしにおこる自発核分裂も，原子番号が92以上の原子核では観測されているが，中性子，陽子，α線，γ線などを衝突させて原子核を励起すると，分裂が起こりやすくなる．

　原子力として実用化されているのは，ウラン235($^{235}_{92}$U)に運動エネルギーの小さい中性子を吸収させて，たとえば

$$^{235}_{92}\text{U} + \text{n} \rightarrow {}^{236}_{92}\text{U}^* \rightarrow {}^{140}_{54}\text{Xe} + {}^{94}_{38}\text{Sr} + \text{n} + \text{n}$$

のような核分裂を行なわせている．このとき放出されるエネルギーは前述のように約200MeVで，原子質量単位に相当するエネルギーの5分の1以上である．したがってウランの質量の約1000分の1がエネルギーとして放出されることになる．

　核分裂とは逆に質量数が小さいところの立ち上がりを利用してエネルギーを取り出すこともできる．たとえば，ヘリウム4($^4_2$He)の核子1個当りの平均結合エネルギーは7.074MeVである．ところが，その隣りのヘリウム3($^3_2$He)の核子1個当りの平均結合エネルギーは2.573MeVである．したがってたとえば

$$^3_2\text{He} + {}^3_1\text{H} \rightarrow {}^4_2\text{He} + {}^1_1\text{H}$$

という反応を考えると，このとき放出されるエネルギーは $-(2.573 \times 3 + 2.224)$

+7.074×4 MeV, すなわち 18.353 MeV となる. このエネルギーに相当する質量は質量単位で 0.0197 u である. したがってこの反応の原子の質量の和の約 1000 分の 4 の質量に相当するエネルギーが放出されることになる. このように軽い原子核の反応でエネルギーを放出する現象を**核融合反応**という. 太陽や恒星から放射される莫大なエネルギーは核融合反応による. 水素爆弾の原理も核融合反応である.

7-5 粒子の衝突

質量 M の粒子が, より軽い質量の複数の粒子との間に (7.32) の関係をもつ場合には, 崩壊する可能性がある. しかし質量の関係式だけを満たしても, ほかの条件, たとえば電荷の保存などの関係式を満たさない場合には, 崩壊は起こらない. 崩壊を起こす粒子や原子核は不安定な粒子とか不安定な原子核と呼ばれる. 自然界に存在する不安定な粒子や原子核の種類の数は限定されているし, また質量の大きさも限られている. ところが, 不安定な質量の状態を人工的につくりだすことができる. それは粒子の衝突によって実現される.

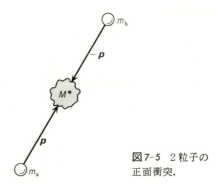

図7-5 2粒子の正面衝突.

粒子の崩壊の図 7-3 (a) の逆の過程を考えてみる. 質量 m_a で運動量 $\bm{p}$ の粒子と, 質量 m_b で運動量が $-\bm{p}$ の粒子とが正面衝突をした場合を考える (図 7-5). 衝突系の全運動量は $\bm{P}=\bm{p}+(-\bm{p})=\bm{0}$ である. このとき一時的に質量 M^* に相当する不安定状態が生じて, いま考えている系に静止しているものと考える.

7-5 粒 子 の 衝 突   145

エネルギー保存則から M^* を計算すると

$$M^* = (E_a + E_b)/c^2 = \sqrt{m_a{}^2 + p^2/c^2} + \sqrt{m_b{}^2 + p^2/c^2} \qquad (7.33)$$

となる. したがって (7.32) と同様

$$M^* > \sum_{i=1}^{n} m_i \qquad (7.34)$$

という不等式を満たす n 個の粒子に衝突状態から崩壊することができる. 原理的にはいくらでも大きな運動量を考えることができるから，自然界には存在しない，大きな質量をもった粒子を衝突によって発生させることができる. このようにして，新しい粒子の発生の機構を探究することを主とした目的で建設されている装置が，高エネルギー粒子発生装置である. 式 (7.33) で定義される量を衝突系の**有効質量** (effective mass) ということがある.

有効質量 M^* をもった衝突系が静止して見える系，すなわち全運動量が 0 となる系を衝突の**質量中心系** (centre-of-mass system) とよぶ. これに対して一方の粒子たとえば m_b が静止して見える系を**実験室系** (laboratory system) とよぶ. 質量中心系と実験室系におけるエネルギーと運動量の関係は，ローレンツ変換に対して不変な関係式である (7.13) から得られる. すなわち，質量 m_a の粒子の 4 元運動量を $p_a{}^\mu$，質量 m_b の粒子の 4 元運動量を $p_b{}^\mu$ と書くと，それらはそれぞれ

$$\begin{aligned} \eta_{\mu\nu} p_a{}^\mu p_a{}^\nu &= -m_a{}^2 c^2 \\ \eta_{\mu\nu} p_b{}^\mu p_b{}^\nu &= -m_b{}^2 c^2 \end{aligned} \qquad (7.35)$$

を満たす. また衝突系については，全 4 元運動量が

$$P^\mu = p_a{}^\mu + p_b{}^\mu$$

で与えられ，有効質量が M^* であるから

$$\eta_{\mu\nu}(p_a{}^\mu + p_b{}^\mu)(p_a{}^\nu + p_b{}^\nu) = -M^{*2} c^2$$

となる. この式の左辺の積を実行して (7.35) を代入し，整理すると

$$\eta_{\mu\nu} p_a{}^\mu p_b{}^\nu = -(1/2)(M^{*2} - m_a{}^2 - m_b{}^2) c^2 \qquad (7.36)$$

を得る. 実験室系における質量 m_a の粒子のエネルギーを E^L，運動量を $\boldsymbol{p}^L$ と書くと，質量 m_b の粒子のエネルギーと運動量はそれぞれ $m_b c^2$ と $\boldsymbol{0}$ だから，

146　　　**7**　相対論的力学

(7.36) の左辺は

$$\eta_{\mu\nu} p_a{}^\mu p_b{}^\nu = -p_a{}^0 p_b{}^0 + (\boldsymbol{p}_a \cdot \boldsymbol{p}_b)$$
$$= -(E^L/c)(m_b c) + (\boldsymbol{p}^L \cdot \boldsymbol{0})$$
$$= -E^L m_b$$

となる．一方，質量中心系における質量 m_a と m_b の粒子のエネルギーと運動量はそれぞれ $E_a, E_b, \boldsymbol{p}, -\boldsymbol{p}$ であるから

$$\eta_{\mu\nu} p_a{}^\mu p_b{}^\nu = -E_a E_b/c^2 - p^2$$

となる．これらの式から関係式

$$E^L = (M^{*2} - m_a{}^2 - m_b{}^2)c^2/(2m_b)$$
$$= (E_a E_b + c^2 p^2)/(m_b c^2) \tag{7.37}$$

を得る．

実験室系に対する質量中心系の速度は，実験室における衝突系の速度であるから，(7.23) により

$$\boldsymbol{v} = \frac{c^2(\boldsymbol{p}^L + \boldsymbol{0})}{E^L + m_b c^2} = \frac{c^2 \boldsymbol{p}^L}{E^L + m_b c^2} \tag{7.38}$$

となる．

━━━━◆◆●◆◆━━━━

第 7 章問題

[1]　エネルギー・運動量関係式 (7.20) をエネルギーの式 (7.19) と運動量の式 (7.14) から求めよ．

[2]　粒子加速器で $400\,\text{GeV} = 4 \times 10^{11}\,\text{eV}$ に加速された陽子の質量は静止質量の何倍か．またそのときの陽子の速さは光速の何％になるか．ただし陽子の静止質量を m_p とするとき $m_p c^2 = 0.938\,\text{GeV}$ である．

[3]　静止しているラジウム 226 が α 崩壊したときの娘粒子の運動エネルギーを MeV で，速さを光速 c との比で求めよ．ただし崩壊により放出されるエネルギーは 4.777 MeV で，1 原子量のエネルギーは 931 MeV である．

[4]　陽子と陽子の衝突で有効静止エネルギー $M^* c^2 = 60\,\text{GeV}$ を得るに必要な E^L を求めよ．ただし陽子の静止エネルギーは $m_p c^2 = 0.938\,\text{GeV}$ である．

特殊相対性理論の応用

　特殊相対性理論の実験的な検証は数多くなされて，その正しさが実証されている．今日では素粒子の加速器の設計に相対性理論を欠かすことはできない．相対論的エネルギーに素粒子を加速する装置として，シンクロトロンがある．この装置は電磁石で磁場をかけて荷電粒子に半径一定の円運動をさせ，1回転ごとに定位置で加速するようになっている．荷電粒子の描く半径を一定に保つためには，運動量に比例して磁場を強くする必要がある．また，荷電粒子が加速位置にもどってくる時間は粒子の速さが上がるにつれて変化してくる．これらの運動量や速さの計算はすべて特殊相対性理論による．

　たとえば陽子のエネルギーを 0.1 GeV から 10 GeV へ上げる場合を考えてみる．陽子の静止エネルギーは 0.938 GeV であるから，全エネルギーで考えると 1.038 GeV から 10.938 GeV へ上げることになる．陽子の全エネルギーを E，運動量を p，速さを v，静止質量を m_p，光の速さを c とすると，$pc = \sqrt{E^2 - m_p^2 c^4} = \sqrt{(E - m_p c^2)(E + m_p c^2)}$，$v/c = pc/E$ となる．したがって運動量は 0.445 GeV/c から 10.90 GeV/c へと 24.5 倍になる．また速さは $0.428c$ から $0.996c$ へ 2.33 倍になる．

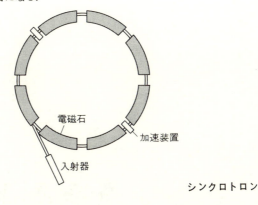

シンクロトロン

電磁気学

アインシュタインの特殊相対性理論発見の導火線となった電磁場のマクスウェル方程式は，任意の慣性系で同じ形で表わされる．このことは，マクスウェルの方程式を4次元のテンソルの方程式で表わすことにより，一目瞭然となる．

150　　　　　　　　**8** 電 磁 気 学

8-1　マクスウェルの方程式

　古典力学の基礎はニュートンの運動方程式によって与えられている．これに
対して，電磁気学の基礎を与えるものはマクスウェルの方程式である．マクス
ウェルの方程式は，電場と磁場をともに含み，偏微分方程式であらわされてお
り，やや複雑な形をしているが，この方程式をわれわれの電磁気学の出発点と
する．

　古典力学では，長さ，質量，時間の3個の次元を用いてすべての物理量をあ
らわすことができる．ところが電磁場を考えると，電流，電圧，電荷などを表
わすために，上述の3個の次元に加えて，新しい次元を導入する必要がある．
この新しい次元の導入の仕方がいろいろあって，そのため電磁単位系は種類が
多く複雑になっている．本書では，MKSA 有理単位系または SI(Système In-
ternational d'Unité) とよばれているものを使うことにする．

　真空中のマクスウェルの方程式は

$$
\bigstar \begin{cases} \operatorname{div} \boldsymbol{D} = \rho & (8.1) \\ \operatorname{rot} \boldsymbol{H} = \boldsymbol{i} + \partial \boldsymbol{D}/\partial t & (8.2) \end{cases}
$$

$$
\stackrel{\scriptstyle\diamond}{} \begin{cases} \operatorname{div} \boldsymbol{B} = 0 & (8.3) \\ \operatorname{rot} \boldsymbol{E} + \partial \boldsymbol{B}/\partial t = 0 & (8.4) \end{cases}
$$

で与えられる．これらの方程式の中にあらわれるベクトル場は，$\boldsymbol{D}$ は電束密度，
$\boldsymbol{H}$ は磁場の強さ，$\boldsymbol{B}$ は磁束密度，$\boldsymbol{E}$ は電場の強さとよばれる量をあらわしてい
る．上の方程式系はこれらの3次元ベクトルで表わした，電磁場の式である．
また ρ は電荷密度，$\boldsymbol{i}$ は電流密度をあらわしている．式の前につけた記号☆，
★は，以下においてどちらの組の式の説明であるかを見やすくするためのもの
である．

　微分演算子 div は**発散**(divergence)，rot は**回転**(rotation)とよばれるもので，
それぞれベクトル場からつくられるスカラー場

$$\operatorname{div} \boldsymbol{D} = \frac{\partial D_x}{\partial x} + \frac{\partial D_y}{\partial y} + \frac{\partial D_z}{\partial z} \tag{8.5}$$

およびベクトル場からつくられるベクトル場

$$\operatorname{rot} \boldsymbol{H} = \left(\frac{\partial H_z}{\partial y} - \frac{\partial H_y}{\partial z}, \ \frac{\partial H_x}{\partial z} - \frac{\partial H_z}{\partial x}, \ \frac{\partial H_y}{\partial x} - \frac{\partial H_x}{\partial y} \right) \tag{8.6}$$

で定義される. マクスウェルの方程式の意味を簡単に述べると，(8.1)は電荷があれば電場が生ずることをあらわしている. 電束密度の時間変化 $\partial \boldsymbol{D}/\partial t$ は，たとえばコンデンサーを交流が通るときに生じ，**変位電流**(displacement current)とよばれる. 式(8.2)は，電流または変位電流があれば磁場が生ずることをあらわしている. これらの2式は，電荷や電流という物質のになう量と電磁場との関係をあらわしている. これらに対して，あとの2式は電磁場の間の関係を記述している. (8.3)は磁場には，(8.1)の電荷に相当する磁荷が存在しないことを示している. また(8.4)は，磁束密度の時間的変化があると電場を生ずることをあらわしている.

マクスウェルの方程式には4種類のベクトル場が使われているが，真空中ではそれらの間に簡単な関係があり

$$\boxed{\boldsymbol{D} = \varepsilon_0 \boldsymbol{E}, \quad \boldsymbol{B} = \mu_0 \boldsymbol{H}} \tag{8.7}$$

と書かれる. ここに ε_0 は真空の誘電率とよばれる定数で

$$\varepsilon_0 = 10^7/4\pi c^2$$
$$= 8.8541878 \times 10^{-12} \quad \text{F/m} \ (= \text{m}^{-3} \cdot \text{kg}^{-1} \cdot \text{s}^4 \cdot \text{A}^2)$$

である. また μ_0 は真空の誘磁率とよばれる定数で

$$\mu_0 = 4\pi \times 10^{-7}$$
$$= 1.25663706 \times 10^{-6} \quad \text{H/m} \ (= \text{m} \cdot \text{kg} \cdot \text{s}^{-2} \cdot \text{A}^{-2})$$

で与えられる.

8-2　真空中の電磁波

マクスウェルの方程式を，ローレンツ変換に対して一見して不変な形に書き

152   **8 電 磁 気 学**

直すのがこの章の目的である．その前に，特殊相対性理論を誕生させるきっか
けを与えた，電磁波の方程式についてしらべてみよう．

　真空中に電磁場のみが存在し，電荷密度や電流密度が 0 の場合のマクスウェ
ルの方程式は，(8.7) を用いて $\boldsymbol{E}$ と $\boldsymbol{H}$ で書くと

$$\bigstar \begin{cases} \operatorname{div} \boldsymbol{E} = 0 & (8.8) \\ \operatorname{rot} \boldsymbol{H} = \varepsilon_0 \partial \boldsymbol{E}/\partial t & (8.9) \end{cases}$$

$$\stackrel{\wedge}{\leftrightarrow} \begin{cases} \operatorname{div} \boldsymbol{H} = 0 & (8.10) \\ \operatorname{rot} \boldsymbol{E} = -\mu_0 \partial \boldsymbol{H}/\partial t & (8.11) \end{cases}$$

となる．これらの方程式は電場と磁場について対称的な方程式になっているが，
(8.9) と (8.11) には電場と磁場が 1 個の方程式に同時にあらわれている．電場
だけの方程式を求めるために，(8.9) の両辺を時間で偏微分する．空間微分と
時間微分は，演算の順序をとりかえてよいので

$$\operatorname{rot}(\partial \boldsymbol{H}/\partial t) = \varepsilon_0 \partial^2 \boldsymbol{E}/\partial t^2$$

となる．この両辺に μ_0 をかけて (8.11) を代入すると

$$-\operatorname{rot}(\operatorname{rot} \boldsymbol{E}) = \varepsilon_0 \mu_0 \partial^2 \boldsymbol{E}/\partial t^2 \qquad (8.12)$$

となる．回転 rot の定義 (8.6) により計算すると（問題[1]）

$$\operatorname{rot}(\operatorname{rot} \boldsymbol{E}) = \operatorname{grad}(\operatorname{div} \boldsymbol{E}) - \Delta \boldsymbol{E} \qquad (8.13)$$

を得る．ここで Δ はラプラシアン (Laplacian) とよばれる微分演算子で

$$\Delta = \frac{\partial^2}{\partial x^2} + \frac{\partial^2}{\partial y^2} + \frac{\partial^2}{\partial z^2} \qquad (8.14)$$

である．また微分演算子 grad は**勾配** (gradient) とよばれるもので，任意のス
カラー関数 ϕ に対して，ベクトル場

$$\operatorname{grad} \phi = \left(\frac{\partial \phi}{\partial x}, \frac{\partial \phi}{\partial y}, \frac{\partial \phi}{\partial z} \right) \qquad (8.15)$$

で定義される．ここまでに導入した微分演算子は，ベクトル演算子 $\nabla = (\partial/\partial x, \partial/\partial y, \partial/\partial z)$ を用いて，形式的に $\operatorname{div} \boldsymbol{D} = (\nabla \cdot \boldsymbol{D})$，$\operatorname{rot} \boldsymbol{H} = \nabla \times \boldsymbol{H}$，$\operatorname{grad} \phi = \nabla \phi$ と
書くこともできる．式 (8.13) の右辺第 1 項に (8.8) を代入してから，(8.13) を
さらに (8.12) に代入して整理すると

8-2 真空中の電磁波

$$(\Delta - \varepsilon_0\mu_0\partial^2/\partial t^2)\boldsymbol{E} = 0 \tag{8.16}$$

を得る. 同様にして磁場に対する式も

$$(\Delta - \varepsilon_0\mu_0\partial^2/\partial t^2)\boldsymbol{H} = 0 \tag{8.17}$$

となることがわかる.

一般に時空の関数 u に対する偏微分方程式

$$(\Delta - (1/v^2)\partial^2/\partial t^2)u = 0 \tag{8.18}$$

を考える. ここで

$$u = f((\boldsymbol{n}\cdot\boldsymbol{r})-vt) \tag{8.19}$$

と置くと, これは(8.18)の解になっていることがわかる. この解(8.19)は単位ベクトル $\boldsymbol{n}=(n_x, n_y, n_z)$ の方向へ速さ v で進んでいる波動をあらわしている. このために(8.18)の形の方程式を**波動方程式**とよぶ. とくに

$$u = f_0\sin\{k(n_x x + n_y y + n_z z - vt)\}$$

とおけば, $\boldsymbol{n}=(n_x, n_y, n_z)$ の方向に速さ v で進んでいる波長 $\lambda = 2\pi/k$ の, 単色で, 正弦波形の平面波をあらわしている.

波動方程式(8.18)と, 電磁場の方程式(8.16)および(8.17)を比較すると, 電場 $\boldsymbol{E}$ や磁場 $\boldsymbol{H}$ の各成分は, 速さ $1/\sqrt{\varepsilon_0\mu_0}$ の波動をあらわす波動方程式をみたすことがわかる. すなわち, マクスウェルの方程式は, 真空中を速さ $c= 1/\sqrt{\varepsilon_0\mu_0}$ で伝わる電磁場の波動が存在することを示している. この波を**電磁波**とよび, c は光速となる. ここで ε_0 と μ_0 は真空中の定数であるから, c は慣性系によらない定数となる. この事実がガリレイ変換(2.13)や, それから得られる速度の変換(2.15):

$$\boldsymbol{r}' = \boldsymbol{r} - \boldsymbol{V}t, \quad t' = t \tag{2.13}$$

$$\boldsymbol{v}' = \boldsymbol{v} - \boldsymbol{V} \tag{2.15}$$

と矛盾を生じ, 19世紀の物理学者を悩ませたわけである.

例題1 電磁場の波動方程式(8.16)や(8.17)の微分演算子(これを**ダランベルシャン**(d'Alembertian)という)

$$\square = \Delta - \varepsilon_0\mu_0\partial^2/\partial t^2 \tag{8.20}$$

がガリレイ変換(2.13)に対しては不変でないことを示せ.

154 **8 電 磁 気 学**

［解］ (2.13)を成分で

$$x' = x - V_x t, \;\; y' = y - V_y t, \;\; z' = z - V_z t, \;\; t' = t$$

と書いて微分演算子の変換を計算すると

$$\frac{\partial}{\partial x} = \frac{\partial}{\partial x'}, \qquad \frac{\partial}{\partial y} = \frac{\partial}{\partial y'}, \qquad \frac{\partial}{\partial z} = \frac{\partial}{\partial z'}$$

$$\frac{\partial}{\partial t} = \frac{\partial t'}{\partial t}\frac{\partial}{\partial t'} + \frac{\partial x'}{\partial t}\frac{\partial}{\partial x'} + \frac{\partial y'}{\partial t}\frac{\partial}{\partial y'} + \frac{\partial z'}{\partial t}\frac{\partial}{\partial z'}$$

$$= \partial/\partial t' - V_x \partial/\partial x' - V_y \partial/\partial y' - V_z \partial/\partial z'$$

$$= \partial/\partial t' - (\boldsymbol{V}\cdot\nabla)$$

となる．したがって

$$\Delta = \Delta'$$

$$\partial^2/\partial t^2 = \partial^2/\partial t'^2 - 2(\partial/\partial t')(\boldsymbol{V}\cdot\nabla) + (\boldsymbol{V}\cdot\nabla)^2$$

となり，不変性は保たれない．∎

　では，ローレンツ変換に対してはどうか．微分演算子(8.20)がローレンツ変換に対して不変なことは，以下のように第6章を用いて確かめることができる．光速 c は $1/\sqrt{\varepsilon_0\mu_0}$ であるから

$$c^2\varepsilon_0\mu_0 = 1 \tag{8.21}$$

となる．このことと，時空座標の4次元的記述法を用い，ラプラシアンの定義(8.14)により，演算子(8.20)は

$$\Box = \Delta - \varepsilon_0\mu_0\partial^2/\partial t^2$$

$$= \frac{\partial^2}{\partial x^2} + \frac{\partial^2}{\partial y^2} + \frac{\partial^2}{\partial z^2} - \frac{1}{c^2}\frac{\partial^2}{\partial t^2}$$

$$= \left(\frac{\partial}{\partial x^1}\right)^2 + \left(\frac{\partial}{\partial x^2}\right)^2 + \left(\frac{\partial}{\partial x^3}\right)^2 - \left(\frac{\partial}{\partial x^0}\right)^2 \tag{8.22}$$

となる．ここで(6.44)と(6.55)で導入した記号

$$\eta^{11} = \eta^{22} = \eta^{33} = -\eta^{00} = 1$$

$$\eta^{\mu\nu} = 0 \qquad (\mu \neq \nu)$$

を使うと，(8.22)は

8-2 真空中の電磁波

$$\Box = \eta^{\mu\nu} \frac{\partial}{\partial x^\mu} \frac{\partial}{\partial x^\nu} = \eta^{\mu\nu} \partial_\mu \partial_\nu \tag{8.23}$$

となる。ここで ∂_μ はその変換が(6.75)で定義される共変ベクトル演算子であるから，ローレンツ変換を適用すると

$$\partial'_\mu = \beta^\nu_\mu \partial_\nu$$

となる。そこでローレンツ変換の関係式(6.64)すなわち

$$\eta^{\mu\nu} \beta^\lambda_\mu \beta^\rho_\nu = \eta^{\lambda\rho}$$

を用いて

光のエネルギーと運動量

アインシュタインは特殊相対性理論の論文を発表したのと同じ1905年に光量子仮説に関する論文を発表している．その仮説によって，光電効果を説明することができる．光電効果は，一定の大きさ以上の振動数をもつ光を金属表面に照射すると，光電子とよばれる電子が放出される現象で，19世紀の末に発見されていた．

光量子仮説によると，光は光子(photon)とよばれる多数の粒子の，速さが c の大きさをもつ流れである．流れを構成している個々の光子は，それぞれ $E=h\nu$ で表わされるエネルギーをもっている．ここで，h はプランク(Max Planck)が黒体輻射の説明のために導入した定数で，ν は光の振動数である．

光子は静止質量のない粒子と考えられるので，光子のエネルギー E と運動量の間には相対論により $E=cp$ の関係がある．コンプトン(Arthur Compton)はこの考えにもとづいて，光子と電子の衝突の実験を行ない，エネルギーと運動量が保存されることを確かめた．エネルギー E と慣性質量 m の間の関係式 $E=mc^2$ により，光も慣性質量をもつと解釈すれば，重力場で光が曲げられる現象を理解する一助となるであろう．

156   **8 電 磁 気 学**

$$\Box' = \eta^{\mu\nu}\partial_\mu'\partial_\nu'$$
$$= \eta^{\mu\nu}\beta_\mu^\lambda\beta_\nu^\rho\partial_\lambda\partial_\rho$$
$$= \eta^{\lambda\rho}\partial_\lambda\partial_\rho$$
$$= \Box$$

となり，(8.20)がローレンツ不変であることがわかる．ダランベルシャンを使うと，電磁場の波動方程式(8.16)と(8.17)は，それぞれ

$$\Box\boldsymbol{E} = 0, \quad \Box\boldsymbol{H} = 0$$

と書ける．

8-3 電磁場のポテンシャル

マクスウェルの方程式(8.1)～(8.4)のうちはじめの2つの方程式(8.1)と(8.2)は電磁場の源となる電荷密度ρと電流密度$\boldsymbol{i}$を含んでいる．すなわち荷電物体と電磁場との相互作用をあらわしている．

☆　ところがあとの2つの方程式(8.3)と(8.4)は電磁ベクトル場のみの偏微分方程式である．しかも電磁ベクトル場について線形，すなわち1次の方程式であるから，比較的簡単に解を得ることができる．

一般に

$$\mathrm{div}\,\boldsymbol{V} = 0$$

となるベクトル場$\boldsymbol{V}$は，あるベクトル場$\boldsymbol{u}$に対して

$$\boldsymbol{V} = \mathrm{rot}\,\boldsymbol{u} \tag{8.24}$$

と表わされる．実際，ベクトル場$\boldsymbol{V}$があるベクトル場$\boldsymbol{u}$によって(8.24)のように回転として表わされていれば，偏微分の順序を適当に交換することにより

$$\mathrm{div}\,\boldsymbol{V} = \mathrm{div}\,(\mathrm{rot}\,\boldsymbol{u})$$
$$= \frac{\partial}{\partial x}\left(\frac{\partial u_z}{\partial y}-\frac{\partial u_y}{\partial z}\right)+\frac{\partial}{\partial y}\left(\frac{\partial u_x}{\partial z}-\frac{\partial u_z}{\partial x}\right)+\frac{\partial}{\partial z}\left(\frac{\partial u_y}{\partial x}-\frac{\partial u_x}{\partial y}\right)$$
$$\equiv 0 \tag{8.25}$$

となる．

8–3　電磁場のポテンシャル　　　　　　　157

　以上のことから，(8.3)すなわち div $\boldsymbol{B}=0$ をみたすベクトル場 $\boldsymbol{B}$ は，ある
ベクトル場 $\boldsymbol{A}$ によって

$$\boldsymbol{B} = \mathrm{rot}\,\boldsymbol{A} \tag{8.26}$$

とあらわされることがわかる．このベクトル場 $\boldsymbol{A}$ を電磁場の**ベクトル・ポテ
ンシャル**という．

　つぎに(8.26)を(8.4)に代入すると，空間微分と時間微分を交換することに
より

$$\mathrm{rot}\,\boldsymbol{E} + \frac{\partial(\mathrm{rot}\,\boldsymbol{A})}{\partial t} = \mathrm{rot}\!\left(\boldsymbol{E} + \frac{\partial\boldsymbol{A}}{\partial t}\right) = 0 \tag{8.27}$$

を得る．

　ところで，一般に

$$\mathrm{rot}\,\boldsymbol{V} = 0$$

をみたすベクトル場 $\boldsymbol{V}$ は，あるスカラー場 f に対して

$$\boldsymbol{V} = \mathrm{grad}\,f \tag{8.28}$$

とあらわされる．実際，ベクトル場 $\boldsymbol{V}$ があるスカラー場 f によって(8.28)の
ように表わされていれば，偏微分の順序を交換することにより

$$\begin{aligned}
\mathrm{rot}\,\boldsymbol{V} &= \mathrm{rot}(\mathrm{grad}\,f) \\
&= \left(\frac{\partial}{\partial y}\!\left(\frac{\partial f}{\partial z}\right) - \frac{\partial}{\partial z}\!\left(\frac{\partial f}{\partial y}\right),\ \ \frac{\partial}{\partial z}\!\left(\frac{\partial f}{\partial x}\right) - \frac{\partial}{\partial x}\!\left(\frac{\partial f}{\partial z}\right),\right. \\
&\quad\ \ \left.\frac{\partial}{\partial x}\!\left(\frac{\partial f}{\partial y}\right) - \frac{\partial}{\partial y}\!\left(\frac{\partial f}{\partial x}\right)\right) \\
&\equiv 0
\end{aligned}$$

となる．

　これらのことから(8.27)をみたすベクトル場

$$\boldsymbol{E} + \partial\boldsymbol{A}/\partial t \tag{8.29}$$

は，あるスカラー場 ϕ によって

$$\boldsymbol{E} + \frac{\partial\boldsymbol{A}}{\partial t} = -\mathrm{grad}\,\phi \tag{8.30}$$

とあらわされることがわかる．このスカラー場 ϕ を電磁場の**スカラー・ポテン**

シャルという．

ここまでの議論をまとめると，マクスウェルの方程式のあとの1組の方程式 (8.3) と (8.4) は，ベクトル・ポテンシャル A とスカラー・ポテンシャル ϕ によって表わした (8.26) および (8.30) と同値であることが示された．すなわち

☆ $\left.\begin{array}{l} \operatorname{div} \boldsymbol{B} = 0 \\ \operatorname{rot} \boldsymbol{E} + \dfrac{\partial \boldsymbol{B}}{\partial t} = 0 \end{array}\right\} \underset{\text{(同値)}}{\Leftrightarrow} \boxed{\begin{array}{l} \boldsymbol{B} = \operatorname{rot} \boldsymbol{A} \\ \boldsymbol{E} = -\operatorname{grad} \phi - \dfrac{\partial \boldsymbol{A}}{\partial t} \end{array}}$ (8.31)

ということになる．

表 8-1 にこの同値関係と，これから考察する4次元ベクトルによる書きかえ，

表 8-1 電磁場とマクスウェルの方程式の書きかえ

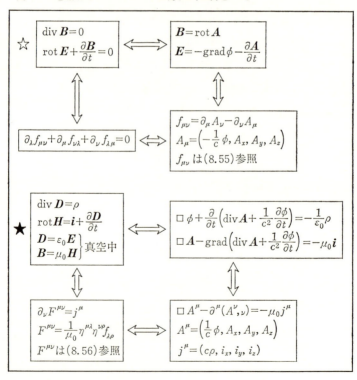

8-3 電磁場のポテンシャル

およびテンソルによる書きかえを示しておく.

★ さて，真空中で成り立つ関係式(8.7)を用いて，マクスウェルの方程式のはじめの1組の方程式(8.1)と(8.2)を書きかえると

$$\varepsilon_0 \operatorname{div} \boldsymbol{E} = \rho \tag{8.32}$$

$$(1/\mu_0) \operatorname{rot} \boldsymbol{B} - \varepsilon_0 \partial \boldsymbol{E}/\partial t = \boldsymbol{i} \tag{8.33}$$

となる. (8.32)の左辺に(8.30)を代入すると

$$\varepsilon_0 \operatorname{div} \boldsymbol{E} = -\varepsilon_0 \Big(\operatorname{div} \operatorname{grad} \phi + \frac{\partial}{\partial t} \operatorname{div} \boldsymbol{A} \Big)$$

ここで公式

$$\operatorname{div}(\operatorname{grad} \phi) = \Delta\phi$$

を用いれば，(8.32)は

$$-\varepsilon_0 \Big(\Delta\phi + \frac{\partial}{\partial t} \operatorname{div} \boldsymbol{A} \Big) = \rho \tag{8.34}$$

となる. 式(8.33)の左辺に(8.26)と(8.30)を代入すると

$$\frac{1}{\mu_0} \operatorname{rot} \boldsymbol{B} - \varepsilon_0 \frac{\partial \boldsymbol{E}}{\partial t} = \frac{1}{\mu_0} \operatorname{rot}(\operatorname{rot} \boldsymbol{A}) + \varepsilon_0 \Big(\operatorname{grad} \frac{\partial \phi}{\partial t} + \frac{\partial^2 \boldsymbol{A}}{\partial t^2} \Big)$$

となる. ここで公式(8.13)を用いてさらに書き直すと，

$$\frac{1}{\mu_0} \operatorname{rot} \boldsymbol{B} - \varepsilon_0 \frac{\partial \boldsymbol{E}}{\partial t} = \frac{1}{\mu_0} \{ \operatorname{grad}(\operatorname{div} \boldsymbol{A}) - \Delta\boldsymbol{A} \} + \varepsilon_0 \Big(\operatorname{grad} \frac{\partial \phi}{\partial t} + \frac{\partial^2 \boldsymbol{A}}{\partial t^2} \Big)$$

したがって(8.33)は

$$\frac{1}{\mu_0} \Big\{ \operatorname{grad}\Big(\operatorname{div} \boldsymbol{A} + \varepsilon_0\mu_0 \frac{\partial \phi}{\partial t} \Big) - \Big(\Delta - \varepsilon_0\mu_0 \frac{\partial^2}{\partial t^2} \Big) \boldsymbol{A} \Big\} = \boldsymbol{i} \tag{8.35}$$

となる.

ここで関係式(8.21)とダランベルシャンの定義(8.22)を用いて，(8.34)と(8.35)を書き換える. このようにしてマクスウェルの方程式のはじめの1組の方程式(8.1)と(8.2)は，ポテンシャルによって

★
$$\begin{cases} \Box\phi + \dfrac{\partial}{\partial t}\Big(\operatorname{div} \boldsymbol{A} + \dfrac{1}{c^2} \dfrac{\partial \phi}{\partial t} \Big) = -\dfrac{1}{\varepsilon_0}\rho & (8.36) \\[3mm] \Box\boldsymbol{A} - \operatorname{grad}\Big(\operatorname{div} \boldsymbol{A} + \dfrac{1}{c^2} \dfrac{\partial \phi}{\partial t} \Big) = -\mu_0 \boldsymbol{i} & (8.37) \end{cases}$$

と書き表わすことができる.

160 **8 電 磁 気 学**

8-4 マクスウェル方程式の4次元的定式化

　物理量を4次元的な量，すなわち，スカラー，ベクトル，テンソルとして表わすのは，物理量のローレンツ変換に対する変換性を明らかにするためである．また法則を4次元的テンソルで表わすのは，テンソルはローレンツ変換によって線形変換を受けるので，1つの慣性系で成り立つ法則は任意の慣性系でも成り立つことが一目瞭然となるからである．すなわち，法則がある慣性系で，テンソル $T^{\mu\nu\cdots}$ を用いて

$$T^{\mu\nu\cdots} = 0$$

と表わされているとする．ローレンツ変換を行なうと

$$T^{\mu\nu\cdots\prime} = \alpha^\mu_\lambda \alpha^\nu_\rho \cdots T^{\lambda\rho\cdots} = 0$$

となり，任意の慣性系でも同じ形で成り立つことが一目瞭然となる．このような目的で，この節ではマクスウェル方程式を4次元的に定式化する．

　電磁場の4元ベクトル★　マクスウェルの方程式の上の1組(8.1), (8.2)をポテンシャルで書いた方程式(8.36)と(8.37)を眺めると，両式とも（ ）の中に

$$\mathrm{div}\,\boldsymbol{A} + \frac{1}{c^2}\frac{\partial\phi}{\partial t} = \mathrm{div}\,\boldsymbol{A} + \frac{\partial}{\partial x^0}\left(\frac{1}{c}\phi\right) \tag{8.38}$$

という式がある．ここで4元ベクトル・ポテンシャル A^μ を

$$A^0 = (1/c)\phi, \ \ A^1 = A_x, \ \ A^2 = A_y, \ \ A^3 = A_z \tag{8.39}$$

によって定義すると，(8.38)は

$$\mathrm{div}\,\boldsymbol{A} + \frac{\partial}{\partial x^0}\left(\frac{1}{c}\phi\right) = \partial_\mu A^\mu$$

と書け，ローレンツ変換に対して不変なスカラー場となる．これを

$$\partial_\mu A^\mu = A^\mu{}_{,\mu}$$

と書こう．

　このように書きかえた式を用いてポテンシャルの方程式(8.36)と(8.37)を書きかえると，それぞれ

$$\star \qquad \begin{cases} \Box A^0 + \dfrac{\partial}{\partial x^0}(A^\nu{}_{,\nu}) = -\dfrac{1}{c\varepsilon_0}\rho \\[3mm] \Box \boldsymbol{A} - \mathrm{grad}\,(A^\nu{}_{,\nu}) = -\mu_0 \boldsymbol{i} \end{cases}$$

となる．そこで

$$j^0 = c\rho, \quad j^1 = i_x, \quad j^2 = i_y, \quad j^3 = i_z \tag{8.40}$$

という4元電流密度ベクトルを定義する．この定義を使うと，上の1組の方程式は，まとめて

$$\star \qquad \boxed{\Box A^\mu - \partial^\mu(A^\nu{}_{,\nu}) = -\mu_0 j^\mu} \tag{8.41}$$

と書ける．これは(8.1)，(8.2)を4元ベクトルA^μで表わした式である．ここで

$$\partial^\mu = \eta^{\mu\nu}\partial_\nu \tag{8.42}$$

という反変微分の定義，すなわち$\partial^0 = -\partial_0$, $\partial^k = \partial_k$ $(k=1,2,3)$と，(8.21)から得られる関係式$\mu_0 = 1/c^2\varepsilon_0$を用いた．

反変4元ベクトル・ポテンシャル(8.39)に対して，共変4元ベクトル・ポテンシャルは

$$A_\mu = \eta_{\mu\nu}A^\nu \tag{8.43}$$

と書かれる．反変ベクトルA^μの定義(8.39)と$\eta_{\mu\nu}$の定義$(6.44')$から

$$A_0 = -(1/c)\phi, \quad A_1 = A_x, \quad A_2 = A_y, \quad A_3 = A_z$$

である．

テンソル場としての電磁場☆　この共変4元ベクトル・ポテンシャルを用いて(8.26)と(8.30)で与えられている$\boldsymbol{B}$と$\boldsymbol{E}$の各成分を書き表わすと

$$B_x = \partial_2 A_3 - \partial_3 A_2, \quad B_y = \partial_3 A_1 - \partial_1 A_3, \quad B_z = \partial_1 A_2 - \partial_2 A_1$$

$$E_x = c(\partial_1 A_0 - \partial_0 A_1), \quad E_y = c(\partial_2 A_0 - \partial_0 A_2), \quad E_z = c(\partial_3 A_0 - \partial_0 A_3)$$

となる．したがって$\boldsymbol{B}$と$(1/c)\boldsymbol{E}$は，それぞれ2階反対称共変テンソル

$$\text{☆} \qquad f_{\mu\nu} = -f_{\nu\mu} = \frac{\partial A_\nu}{\partial x^\mu} - \frac{\partial A_\mu}{\partial x^\nu}$$

$$= \partial_\mu A_\nu - \partial_\nu A_\mu \tag{8.44}$$

の空間成分および時空成分として表わされる．この式(8.44)は(8.26)と(8.30)，

162　　　　　　　　**8 電 磁 気 学**

あるいは(8.31)を書き直した式である．このテンソル$f_{\mu\nu}$を使うと，$\boldsymbol{B}$と$\boldsymbol{E}$の各成分は

$$B_x = f_{23} = -f_{32}, \quad B_y = f_{31} = -f_{13}, \quad B_z = f_{12} = -f_{21}$$
$$E_x = cf_{10} = -cf_{01}, \quad E_y = cf_{20} = -cf_{02}, \quad E_z = cf_{30} = -cf_{03}$$

(8.45)

となる.

したがって，マクスウェルの方程式のあとの1組(8.3)と(8.4)は，(8.45)を用いて書きかえると

$$\mathrm{div}\,\boldsymbol{B} = \partial_1 f_{23} + \partial_2 f_{31} + \partial_3 f_{12} = 0$$
$$(\mathrm{rot}\,\boldsymbol{E} + \partial\boldsymbol{B}/\partial t)_x = c(\partial_2 f_{30} + \partial_3 f_{02} + \partial_0 f_{23}) = 0$$
$$(\mathrm{rot}\,\boldsymbol{E} + \partial\boldsymbol{B}/\partial t)_y = c(\partial_3 f_{10} + \partial_1 f_{03} + \partial_0 f_{31}) = 0$$
$$(\mathrm{rot}\,\boldsymbol{E} + \partial\boldsymbol{B}/\partial t)_z = c(\partial_1 f_{20} + \partial_2 f_{01} + \partial_0 f_{12}) = 0$$

となる．この4式をまとめて書けば

☆　　$$\boxed{\partial_\lambda f_{\mu\nu} + \partial_\mu f_{\nu\lambda} + \partial_\nu f_{\lambda\mu} = 0 \qquad (\lambda, \mu, \nu = 0, 1, 2, 3)}$$

(8.46)

と書ける．これは(8.3)，(8.4)を書き直した式であり，同値関係(8.31)により，(8.44)と同値だということになる．

真空中の関係式(8.7)すなわち$\boldsymbol{D}=\varepsilon_0\boldsymbol{E}$，$\boldsymbol{B}=\mu_0\boldsymbol{H}$を，(8.21)すなわち$c^2\varepsilon_0\mu_0$＝1を用いて(8.45)のテンソルの成分で書きかえれば

$$\mu_0 cD_x = E_x/c = f_{10}, \quad \mu_0 cD_y = f_{20}, \quad \mu_0 cD_z = f_{30}$$
$$\mu_0 H_x = B_x = f_{23}, \quad \mu_0 H_y = f_{31}, \quad \mu_0 H_z = f_{12}$$

となる．そこで

$$F_{\mu\nu} = (1/\mu_0) f_{\mu\nu}$$

(8.47)

で定義されるテンソルを導入すると

$$cD_x = F_{10}, \quad cD_y = F_{20}, \quad cD_z = F_{30}$$
$$H_x = F_{23}, \quad H_y = F_{31}, \quad H_z = F_{12}$$

(8.48)

となる．

★　これらの量を用いてマクスウェルの方程式のはじめの1組(8.1)と(8.2)を4次元的な式に書きかえたい．ρと$\boldsymbol{i}$を反変ベクトル(8.40)で書くことにす

8-4 マクスウェル方程式の4次元的定式化   163

ると，(8.47)のテンソルの反変成分

$$F^{\mu\nu} = \eta^{\mu\lambda}\eta^{\nu\rho}F_{\lambda\rho} = -F^{\nu\mu} \tag{8.49}$$

を定義しておくと便利である．この定義を使うと $\boldsymbol{D}$ と $\boldsymbol{H}$ は，それぞれ

$$cD_x = F^{01}, \quad cD_y = F^{02}, \quad cD_z = F^{03}$$

$$H_x = F^{23}, \quad H_y = F^{31}, \quad H_z = F^{12}$$

となる．この関係を使って(8.1)と(8.2)，あるいはこれと同等な(8.41)を書き
かえると，(8.40)の定義とともに

$$\mathrm{div}\,(c\boldsymbol{D}) = \partial_1 F^{01} + \partial_2 F^{02} + \partial_3 F^{03} = \partial_\nu F^{0\nu} = c\rho = j^0$$

$$(\mathrm{rot}\,\boldsymbol{H} - \partial\boldsymbol{D}/\partial t)_x = \partial_2 F^{12} + \partial_3 F^{13} + \partial_0 F^{10} = \partial_\nu F^{1\nu} = i_x = j^1$$

$$(\mathrm{rot}\,\boldsymbol{H} - \partial\boldsymbol{D}/\partial t)_y = \partial_3 F^{23} + \partial_1 F^{21} + \partial_0 F^{20} = \partial_\nu F^{2\nu} = i_y = j^2$$

$$(\mathrm{rot}\,\boldsymbol{H} - \partial\boldsymbol{D}/\partial t)_z = \partial_1 F^{31} + \partial_2 F^{32} + \partial_0 F^{30} = \partial_\nu F^{3\nu} = i_z = j^3$$

となる．第2辺と第3辺の等式では $F^{\mu\nu} = -F^{\nu\mu}$ で $F^{\mu\nu}$ が添字について反対称
で，$F^{00} = F^{11} = F^{22} = F^{33} = 0$ となることを使っている．これは4元ベクトルの
方程式

★ $$\boxed{\partial_\nu F^{\mu\nu} = j^\mu} \tag{8.50}$$

とまとめられる．これは(8.1)，(8.2)をテンソルで書いた式である．

　まとめ　結局，<u>真空中のマクスウェルの方程式(8.1)〜(8.4)と(8.7)</u>は(8.
50)，(8.46)と(8.47)，(8.49)でまとめられ

$$\boxed{\begin{aligned} &★ \quad \partial_\nu F^{\mu\nu} = j^\mu \\ &☆ \quad \partial_\lambda f_{\mu\nu} + \partial_\mu f_{\nu\lambda} + \partial_\nu f_{\lambda\mu} = 0 \\ &\quad\ F^{\mu\nu} = (1/\mu_0)\eta^{\mu\lambda}\eta^{\nu\rho}f_{\lambda\rho} \end{aligned}} \tag{8.51}$$

となる．

　また(8.46)の下で注意しておいたように，(8.51)の第2式は，4元ポテンシ
ャル A_μ による表現(8.44)と同値である．すなわち同値関係(8.31)は

164　　　**8 電 磁 気 学**

$$
\boxed{
\begin{aligned}
&\text{☆}\quad \partial_\lambda f_{\mu\nu}+\partial_\mu f_{\nu\lambda}+\partial_\nu f_{\lambda\mu}=0 \\
&\underset{\text{(同値)}}{\Leftrightarrow}\ f_{\mu\nu}=\partial_\mu A_\nu-\partial_\nu A_\mu
\end{aligned}
}
\tag{8.52}
$$

となる．したがってマクスウェルの方程式(8.51)と同値な方程式を4元ポテンシャルを用いて書けば，(8.41)と(8.44)とをまとめて

$$
\boxed{
\begin{aligned}
&\text{★}\quad \Box A^\mu-\partial^\mu(A^\nu{}_{,\nu})=-\mu_0 j^\mu \\
&\text{☆}\quad f_{\mu\nu}=\partial_\mu A_\nu-\partial_\nu A_\mu \\
&\phantom{\text{☆}}\quad A_\mu=\eta_{\mu\nu}A^\nu
\end{aligned}
}
\tag{8.53}
$$

となる．(8.53)は次のように解釈できる．すなわち4元電流 j^μ が与えられれば，この第1式を解いて4元ポテンシャル A^μ が求められ，第2式で電磁場 $f_{\mu\nu}$ が定まる．

マクスウェルの方程式(8.51)の第1式の両辺を x^μ で偏微分して μ について 0 から 3 までの和をとる．このとき $F^{\mu\nu}$ の反対称性 $F^{\mu\nu}=-F^{\nu\mu}$ と，2階の偏微分 $\partial_\mu\partial_\nu$ の対称性 $\partial_\mu\partial_\nu=\partial_\nu\partial_\mu$ とを用いると，左辺から恒等式

$$
\partial_\mu\partial_\nu F^{\mu\nu}\underset{(F^{\mu\nu}\text{の反対称性})}{=}-\partial_\mu\partial_\nu F^{\nu\mu}\underset{(\text{添字のつけ替え})}{=}-\partial_\nu\partial_\mu F^{\mu\nu}
$$
$$
\underset{(\partial_\mu\partial_\nu\text{の対称性})}{=}-\partial_\mu\partial_\nu F^{\mu\nu}\equiv 0
$$

を得る．よって右辺から

$$
\boxed{\ \partial_\mu j^\mu=0\ }
\tag{8.54}
$$

を得る．これは電荷と電流の**連続の方程式**

$$
\frac{\partial\rho}{\partial t}+\operatorname{div}\boldsymbol{i}=0
$$

を定義(8.40)により書きかえたものである．

ここで2階反対称テンソル $f_{\mu\nu}$ と $F^{\mu\nu}$ の定義式(8.45)と(8.48)，(8.49)を，行列の形にまとめておこう．これらは

8-4 マクスウェル方程式の4次元的定式化   165

$$
\begin{bmatrix} f_{00} & f_{01} & f_{02} & f_{03} \\ f_{10} & f_{11} & f_{12} & f_{13} \\ f_{20} & f_{21} & f_{22} & f_{23} \\ f_{30} & f_{31} & f_{32} & f_{33} \end{bmatrix} = \begin{bmatrix} 0 & -E_x/c & -E_y/c & -E_z/c \\ E_x/c & 0 & B_z & -B_y \\ E_y/c & -B_z & 0 & B_x \\ E_z/c & B_y & -B_x & 0 \end{bmatrix} \tag{8.55}
$$

$$
\begin{bmatrix} F^{00} & F^{01} & F^{02} & F^{03} \\ F^{10} & F^{11} & F^{12} & F^{13} \\ F^{20} & F^{21} & F^{22} & F^{23} \\ F^{30} & F^{31} & F^{32} & F^{33} \end{bmatrix} = \begin{bmatrix} 0 & cD_x & cD_y & cD_z \\ -cD_x & 0 & H_z & -H_y \\ -cD_y & -H_z & 0 & H_x \\ -cD_z & H_y & -H_x & 0 \end{bmatrix} \tag{8.56}
$$

である.

なお, マクスウェルの方程式 (8.51) の第2式は3階共変テンソル場の方程式なので, 一見たくさんの式を含むように見える. しかし μ と ν とを取りかえた式は

$$
\partial_\lambda f_{\nu\mu} + \partial_\nu f_{\mu\lambda} + \partial_\mu f_{\lambda\nu} = \partial_\nu f_{\mu\lambda} + \partial_\mu f_{\lambda\nu} + \partial_\lambda f_{\nu\mu}
$$
$$
= \partial_\mu f_{\lambda\nu} + \partial_\lambda f_{\nu\mu} + \partial_\nu f_{\mu\lambda}
$$

となる. これらの式を (8.51) の第2式と比較すると, それの ν と λ とを取りかえた式とも, μ と λ とを取りかえた式とも等しいことがわかる. さらに $f_{\mu\nu}$ の反対称性を使うと

$$
\partial_\lambda f_{\nu\mu} + \partial_\nu f_{\mu\lambda} + \partial_\mu f_{\lambda\nu} = -\partial_\lambda f_{\mu\nu} - \partial_\nu f_{\lambda\mu} - \partial_\mu f_{\nu\lambda}
$$
$$
= -(\partial_\lambda f_{\mu\nu} + \partial_\mu f_{\nu\lambda} + \partial_\nu f_{\lambda\mu})
$$

となる. これらの関係式から $\partial_\lambda f_{\mu\nu} + \partial_\mu f_{\nu\lambda} + \partial_\nu f_{\lambda\mu}$ は3階完全反対称テンソル場であることがわかる. したがって添字に等しいものがあると自動的に0となる. このことから独立なテンソル場の成分の数は, 添字のとりうる4個の値0, 1, 2, 3 の中から異なる3個を取り出す組み合わせの数, すなわち $_4C_3 = 4$ であることがわかる. すなわち, (8.51) の第2式の独立成分の数は4個である. このことは書きかえる前のもとの方程式が, スカラー方程式 (8.3) と, 3個の成分をもつベクトル方程式であったことから当然である.

166   **8** 電 磁 気 学

8-5　電磁場の１次元ローレンツ変換

　電磁場のベクトル場は，３次元形式でマクスウェル方程式を書いておくと，
ローレンツ変換に対するベクトル場の変換性を見出すのは困難である．しかし，
マクスウェルの方程式の，ローレンツ変換に対する変換性が一目瞭然となる形
(8.51)を用いれば，場の量の変換性は明らかである．ミンコフスキーの世界で
は，電場のベクトルと磁場のベクトルは，それぞれ２階反対称テンソル $f_{\mu\nu}$ ま
たは $F^{\mu\nu}$ の時間を含む成分と，空間のみの成分である．ローレンツ変換(6.46)，
すなわち

$$x^{\mu'} = \alpha^{\mu}_{\nu} x^{\nu}$$

に対する２階テンソルの変換は，(6.77)と(6.80)に与えられている．これらの
規則によれば

$$f_{\mu\nu}'(x') = \beta^{\lambda}_{\mu} \beta^{\rho}_{\nu} f_{\lambda\rho}(x) \tag{8.57}$$

$$F^{\mu\nu'}(x') = \alpha^{\mu}_{\lambda} \alpha^{\nu}_{\rho} F^{\lambda\rho}(x) \tag{8.58}$$

と変換される．これらの式の意味を具体的にみるために，ローレンツ変換の研
究の出発点であった１次元ローレンツ変換(5.17)

$$
\begin{aligned}
x' &= \frac{x - Vt}{\sqrt{1 - V^2/c^2}} \\
y' &= y \\
z' &= z \\
t' &= \frac{t - Vx/c^2}{\sqrt{1 - V^2/c^2}}
\end{aligned}
\tag{5.17}
$$

に対して，電磁場の各成分はどのように変換されるかをしらべてみよう．

　慣性系Sの時刻と空間座標を t, x, y, z で表わして，Sの x 軸の正の方向に速
さ V で慣性系S′が動いている．そしてS′の時刻と空間座標 t', x', y', z' は $t=$
$t'=0$ のとき，Sの座標系とS′の座標系が一致しているようにとる．そしてロ
ーレンツ変換(5.17)の変数を x^{μ} と $x^{\mu'}$ に書きかえたときの係数を行列の形に

8–5 電磁場の１次元ローレンツ変換

書くと，(6.52)すなわち

$$A = (\alpha_\nu^\mu) = \begin{bmatrix} \gamma & -\gamma V/c & 0 & 0 \\ -\gamma V/c & \gamma & 0 & 0 \\ 0 & 0 & 1 & 0 \\ 0 & 0 & 0 & 1 \end{bmatrix}$$

となる．この行列を使うと，ローレンツ変換(5.17)は

$$X' = \begin{bmatrix} x^{0'} \\ x^{1'} \\ x^{2'} \\ x^{3'} \end{bmatrix} = AX = \begin{bmatrix} \gamma & -\gamma V/c & 0 & 0 \\ -\gamma V/c & \gamma & 0 & 0 \\ 0 & 0 & 1 & 0 \\ 0 & 0 & 0 & 1 \end{bmatrix} \begin{bmatrix} x^0 \\ x^1 \\ x^2 \\ x^3 \end{bmatrix}$$

と表わせる．ここで

$$\gamma = 1/\sqrt{1 - V^2/c^2}$$

である．このとき β_ν^μ は行列 A の逆行列 $B = A^{-1}$ の係数で，(6.59)すなわち

$$\beta_\lambda^\sigma = \eta_{\lambda\rho} \alpha_\nu^\rho \eta^{\nu\sigma}$$

で与えられるから

$$B = (\beta_\nu^\mu) = \begin{bmatrix} \gamma & \gamma V/c & 0 & 0 \\ \gamma V/c & \gamma & 0 & 0 \\ 0 & 0 & 1 & 0 \\ 0 & 0 & 0 & 1 \end{bmatrix} \tag{8.59}$$

となる．電磁場 $f_{\mu\nu}(x)$ と $F^{\mu\nu}(x)$ とは(8.51)で与えられているように，真空中では成分の間に定数因子の差があるだけであるから，以下にのべる変換の議論は $f_{\mu\nu}(x)$ についてすすめることにする．

上に求めた変換行列の一覧表と電磁場行列の一覧表(8.55)にもとづいて電磁場を３次元ベクトルであらわした各成分の変換公式を求めると

$$E_x' = c f_{10}' = c\beta_1^\mu \beta_0^\nu f_{\mu\nu} = c\gamma^2 f_{10} + \gamma^2 V^2/c f_{01} = \frac{1 - V^2/c^2}{1 - V^2/c^2} E_x = E_x$$

$$E_y' = c f_{20}' = c\beta_2^\mu \beta_0^\nu f_{\mu\nu} = c\gamma f_{20} + \gamma V f_{21} = \frac{E_y - VB_z}{\sqrt{1 - V^2/c^2}}$$

$$E_z' = c f_{30}' = c\beta_3^\mu \beta_0^\nu f_{\mu\nu} = c\gamma f_{30} + \gamma V f_{31} = \frac{E_z + VB_y}{\sqrt{1 - V^2/c^2}}$$

$$B_x' = f_{23}' = \beta_2^\mu \beta_3^\nu f_{\mu\nu} = f_{23} = B_x$$

$$B_y' = f_{31}' = \beta_3^\mu \beta_1^\nu f_{\mu\nu} = (\gamma V/c)f_{30} + \gamma f_{31} = \frac{B_y + (V/c^2)E_z}{\sqrt{1 - V^2/c^2}}$$

$$B_z' = f_{12}' = \beta_1^\mu \beta_2^\nu f_{\mu\nu} = (\gamma V/c)f_{02} + \gamma f_{12} = \frac{B_z - (V/c^2)E_y}{\sqrt{1 - V^2/c^2}}$$

となる. これらの変換がベクトルとしてどのような関係になっているかを見るために, ベクトル場を, S に対する S′ の速度ベクトル

$$\boldsymbol{V} = (V, 0, 0)$$

に平行な成分 $\boldsymbol{E}_\parallel, \boldsymbol{B}_\parallel$ と垂直な成分 $\boldsymbol{E}_\perp, \boldsymbol{B}_\perp$ に分けて考える. それらのベクトルの成分は

$$\boldsymbol{E}_\parallel = (E_x, 0, 0), \qquad \boldsymbol{E}_\perp = (0, E_y, E_z)$$

$$\boldsymbol{B}_\parallel = (B_x, 0, 0), \qquad \boldsymbol{B}_\perp = (0, B_y, B_z)$$

となる. これらのベクトルを使って上に得た変換を書き表わすと

$$\boldsymbol{E}_\parallel' = \boldsymbol{E}_\parallel, \qquad \boldsymbol{E}_\perp' = \frac{\boldsymbol{E}_\perp + \boldsymbol{V} \times \boldsymbol{B}_\perp}{\sqrt{1 - V^2/c^2}} \tag{8.60}$$

$$\boldsymbol{B}_\parallel' = \boldsymbol{B}_\parallel, \qquad \boldsymbol{B}_\perp' = \frac{\boldsymbol{B}_\perp - \boldsymbol{V} \times \boldsymbol{E}_\perp/c^2}{\sqrt{1 - V^2/c^2}} \tag{8.61}$$

となる. いま考えているローレンツ変換に対して, 4元ベクトル, たとえば運動量ベクトル p^μ の変換を3次元的に書き表わすと, 時空の変換(5.17)と同型で

$$p_\parallel' = \frac{p_\parallel - (E/c^2)\boldsymbol{V}}{\sqrt{1 - V^2/c^2}}, \qquad p_\perp' = p_\perp$$

$$E' = \frac{E - (\boldsymbol{V} \cdot p_\parallel)}{\sqrt{1 - V^2/c^2}}$$

となる. この比較からもわかるように, 電磁場は3次元的にはベクトルで書かれていても, ローレンツ変換に対する変換性は普通のベクトルとは異なる. すなわち慣性系 S′ の進行方向の成分は不変で, 進行方向と垂直な成分がローレンツ因子 $\gamma = 1/\sqrt{1 - V^2/c^2}$ だけ大きくなり, かつ電場が磁場に, 磁場が電場に変化する.

例題1 4-1節で述べた棒磁石と導体の相対運動(図4-1)を考察せよ.

[解] 慣性系Sのx軸上に置かれている棒磁石と，慣性系S'の$y'z'$平面上に置かれた円形導体を考える（図8-1）．このときの電磁場はS系において

$$E_{\|} = E_{\perp} = 0$$

となる．したがって円形導体と共に進行しているS'系では(8.60)により

$$E_{\|}' = 0, \quad E_{\perp}' = \frac{V \times B_{\perp}}{\sqrt{1-V^2/c^2}}$$

となる．すなわちS'系で見ると円形導体に沿って電場が現われ，導体内に電流が流れることになる．

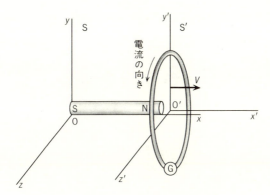

図8-1 棒磁石と円形導体の相対運動．

　実験室系でみると，磁石を動かす場合と，導体を動かす場合とでは一見異なった現象のように見えるが，導体とともにある系から見れば，いつも動く磁石の周囲には電場が生ずることになる．いいかえると，実験室系からみて磁石が運動する場合には，磁場が時間的に変化して，マクスウェルの方程式(8.4)

$$\text{rot}\,E = -\partial B/\partial t$$

により実験室系に電場が生ずる．一方，導体が運動するときには，同じ強さの電場が導体とともに運動している慣性系に現われることが変換(8.60)によって示される．両方の考え方の電場の強さが等しいことは，マクスウェルの方程式がローレンツ変換に対して形を変えないことからわかる．

170　　　**8** 電 磁 気 学

8-6　電磁場中の荷電粒子の運動

荷電 q をもった質量 m の粒子が，与えられた電磁場 E, B の中にあるときの運動方程式は，粒子の速度を v として，ローレンツ力により

$$\frac{dp}{dt} = F = q(E + v \times B) \tag{8.62}$$

で与えられる．この方程式は相対論的に共変な 4 次元形式に書き換えられることを以下に示す．

独立な運動方程式の数は 4 次元の方程式でも 3 個であるが，(8.62) に加わる第 4 の方程式が (7.18) で与えられている．すなわち (7.18) に (8.62) を代入して

$$\frac{dp^0}{dt} = \frac{1}{c}\left(\frac{dr}{dt} \cdot F\right) = \frac{1}{c}(v \cdot F)$$

$$= \frac{q}{c}[(v \cdot E) + (v \cdot (v \times B))]$$

$$= \frac{q}{c}(v \cdot E) \tag{8.63}$$

を得る．

まず座標時間による微分を，ローレンツ変換に対して不変な固有時間による微分に変える．そのため (6.7) から得られる式

$$\frac{dt}{d\tau} = \frac{1}{\sqrt{1 - v^2/c^2}}$$

を，(8.62) と (8.63) の両辺にかける．

$$\frac{dp}{d\tau} = q\left(\frac{1}{\sqrt{1 - v^2/c^2}}E + \frac{v \times B}{\sqrt{1 - v^2/c^2}}\right)$$

$$\frac{dp^0}{d\tau} = \frac{q}{c}\frac{(v \cdot E)}{\sqrt{1 - v^2/c^2}}$$

ここで 4 元速度と速度 v との関係式 (7.10) を使うと，これらの式はそれぞれ

$$\frac{dp}{d\tau} = q\left(\frac{u^0}{c}E + u \times B\right)$$

8-6 電磁場中の荷電粒子の運動　　　　171

$$\frac{dp^0}{d\tau} = \frac{q}{c}(\boldsymbol{u}\cdot\boldsymbol{E})$$

となる.

ベクトル積 $\boldsymbol{u}\times\boldsymbol{B}$ の成分は

$$(\boldsymbol{u}\times\boldsymbol{B})_x = u_y B_z - u_z B_y$$

$$(\boldsymbol{u}\times\boldsymbol{B})_y = u_z B_x - u_x B_z$$

$$(\boldsymbol{u}\times\boldsymbol{B})_z = u_x B_y - u_y B_x$$

で与えられる. この関係と $f_{\mu\nu}$ の定義の行列(8.55)によって, $d\boldsymbol{p}/d\tau$ を 4 次元的成分で書くと,

$$dp^1/d\tau = q(u^0 f_{10}+u^2 f_{12}+u^3 f_{13}) = q\eta^{1\nu}u^\lambda f_{\nu\lambda}$$

$$dp^2/d\tau = q(u^0 f_{20}+u^3 f_{23}+u^1 f_{21}) = q\eta^{2\nu}u^\lambda f_{\nu\lambda}$$

$$dp^3/d\tau = q(u^0 f_{30}+u^1 f_{31}+u^2 f_{32}) = q\eta^{3\nu}u^\lambda f_{\nu\lambda}$$

$$dp^0/d\tau = q(u^1 f_{10}+u^2 f_{20}+u^3 f_{30}) = -q\eta^{0\nu}u^\lambda f_{\lambda\nu} = q\eta^{0\nu}u^\lambda f_{\nu\lambda}$$

となる ($\eta^{\mu\nu}$ は(6.55), (6.44)参照). これらをまとめて 4 次元の式に書けば

$$\frac{dp^\mu}{d\tau} = q\eta^{\mu\nu}f_{\nu\lambda}u^\lambda \tag{8.64}$$

となる. この式の左辺は(7.5)または(7.12)で定義された 4 元力であり,

$$f^\mu = q\eta^{\mu\nu}f_{\nu\lambda}u^\lambda \tag{8.65}$$

をミンコフスキーの 4 元力とよぶ. 方程式(8.64)を 4 次元位置ベクトルの固有時間による微分で書けば

$$m\frac{d^2 x^\mu}{d\tau^2} = q\eta^{\mu\nu}f_{\nu\lambda}\frac{dx^\lambda}{d\tau} \tag{8.66}$$

と書ける. ミンコフスキーの 4 元力(8.65)が 4 元力の条件(7.9)を満たすことは, $f_{\nu\lambda}$ の添字についての反対称性 $f_{\nu\lambda}=-f_{\lambda\nu}$ により示すことができる. すなわち

$$\eta_{\rho\mu}\frac{dx^\rho}{d\tau}f^\mu = \eta_{\rho\mu}u^\rho f^\mu = q\eta_{\rho\mu}u^\rho\eta^{\mu\nu}f_{\nu\lambda}u^\lambda$$

$$= q\delta_\rho^\nu u^\rho u^\lambda f_{\nu\lambda} = qu^\nu u^\lambda f_{\nu\lambda}$$

$$= -qu^\nu u^\lambda f_{\lambda\nu} = -qu^\lambda u^\nu f_{\nu\lambda} \equiv 0$$

となる．式の途中第3辺と第4辺の等式では(6.56)の関係 $\eta_{\rho\mu}\eta^{\mu\nu}=\delta_\rho^\nu$ を，その次の等式では(6.57)の関係を，最後の等式では添字 ν と λ を交換して得られる．

ローレンツ力(8.62)とミンコフスキーの4元力(8.65)の空間部分との関係は

$$f = dp/d\tau = q(u^0 E/c + u \times B)$$
$$= q(E + v \times B)/\sqrt{1-v^2/c^2}$$
$$= F/\sqrt{1-v^2/c^2} \tag{8.67}$$

となっている．この関係は，ローレンツ力 F が(7.16)で定義された相対論的力学におけるニュートン力であることを示している．すなわちローレンツ力は，相対性理論においても，修正することなく通用するニュートン力である．

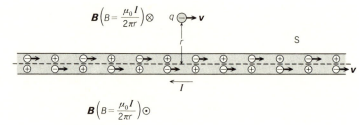

(a) 電線の静止系 S

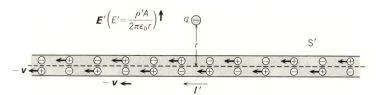

(b) 負の荷電粒子の静止系 S′

図8-2 電流と荷電粒子．

ところで，ローレンツ力の第2項 $qv \times B$ の v は，運動方程式を記述している慣性系における荷電粒子の速度である．したがって，荷電粒子とともに動いている系，すなわち荷電粒子の静止系で見ると，この力は働かないことになる．たとえば，静止している電線を電流が流れていて，負の電荷をもった粒子が，電流に平行に反対方向へ速度 v で動いている場合を考える(図8-2)．電線の中

8-6 電磁場中の荷電粒子の運動 173

は，ほぼ静止している陽イオンと，電流の反対方向へ移動している自由電子がある．簡単のために電線中の自由電子の平均速度と，負の電荷 q をもった粒子の速度は等しく v であるとする．電線の静止系（図8-2(a)）を S，負の荷電粒子の静止系（図8-2(b)）を S' とする．電線の静止系 S における陽イオンの電荷密度を ρ_+，自由電子の電荷密度を ρ_- とすると，電線の静止系には電場はなく，全電荷密度 ρ は

$$\rho = \rho_+ + \rho_- = 0 \tag{8.68}$$

となる．

電流の強さを I，電線の断面積を A とすると

$$I = \rho_- A v$$

となる．電線から距離 r の点の磁束密度の大きさは

$$B = \frac{\mu_0}{2\pi}\frac{I}{r}$$

で，向きは，電流の方向へ右ネジの進む方向である．いまは電場は加えられていない，つまり $\boldsymbol{E}=0$ だから，このとき負の荷電粒子に加わる力は，

$$\boldsymbol{F} = q\boldsymbol{v}\times\boldsymbol{B}$$

で，その大きさは

$$F = \frac{\mu_0 q v I}{2\pi r} = \frac{\mu_0 q \rho_- A v^2}{2\pi r}$$

である．そしてその向きは，q が負であるから，電線に引き寄せられる方向である．したがって4元力の空間成分の大きさは

$$f = \frac{F}{\sqrt{1-v^2/c^2}} = \frac{\mu_0 q \rho_- A v^2}{2\pi r\sqrt{1-v^2/c^2}} \tag{8.69}$$

となる．

つぎに負の荷電粒子の静止系 S' で考える．このときは荷電粒子の速度は0であるから，磁場は荷電粒子に力を加えることはできない．ところで一般に電荷密度 ρ は(8.40)により，電流密度 $\boldsymbol{i}$ とともに4元ベクトル j^μ を構成し，$\rho = j^0/c$ となる．系 S では，陽イオンは平均として静止しているので，その電流密

174 **8 電 磁 気 学**

度 i_+ は 0 である．系 S′ における陽イオンの電荷密度を $\rho_+{}'$, 自由電子の電荷密
度と電流密度をそれぞれ $\rho_-{}'$, $i_-{}'$ とする．系 S′ では自由電子の平均速度は 0 で
あるから $i_-{}'=0$ である．電荷密度に，4 元ベクトルのローレンツ変換 (6.65) を
ほどこすと，$i_+=i_-{}'=0$ であるから，それぞれ

$$\rho_+{}' = \frac{\rho_+}{\sqrt{1-v^2/c^2}}, \qquad \rho_- = \frac{\rho_-{}'}{\sqrt{1-v^2/c^2}}$$

となる．一方 (8.68) から $\rho_-=-\rho_+$ を得るから，S′ における全電荷密度 ρ' は

$$\begin{aligned}
\rho' &= \rho_+{}' + \rho_-{}' \\
&= \frac{\rho_+}{\sqrt{1-v^2/c^2}} + \rho_-\sqrt{1-v^2/c^2} \\
&= \rho_+\left(\frac{1}{\sqrt{1-v^2/c^2}} - \sqrt{1-v^2/c^2}\right) \\
&= \rho_+ \frac{v^2/c^2}{\sqrt{1-v^2/c^2}}
\end{aligned} \tag{8.70}$$

となる．すなわち，S′ では磁場は荷電粒子に力を加えないが，電荷密度 (8.70)
が生じて，電線から距離 r の点に電場が生じ，その大きさは

$$E' = \frac{\rho'A}{2\pi\varepsilon_0 r} = \frac{\rho_+ Av^2/c^2}{2\pi\varepsilon_0 r\sqrt{1-v^2/c^2}} \tag{8.71}$$

となる．負の電荷 q をもった粒子に加わる力は引力で，

$$F' = \frac{(-q)}{2\pi c^2\varepsilon_0} \frac{\rho_+ Av^2}{r\sqrt{1-v^2/c^2}} \tag{8.72}$$

となる．この力はニュートン力であるが，S′ では粒子の速度が 0 であるから，
ニュートン力と 4 元力の空間成分との関係 (7.16) または (8.67) で $v=0$ とした
関係で $f'=F'$ となるから，(8.21) の関係 $c^2\varepsilon_0\mu_0=1$ を使って

$$f' = F' = \frac{\mu_0(-q)\rho_+ Av^2}{2\pi r\sqrt{1-v^2/c^2}} \tag{8.73}$$

と書ける．この式は $-q\rho_+=q\rho_-$ であることを考慮すると (8.69) と等しくなり

$$f' = f$$

を得る．すなわち，速度の方向と直角な力の成分は，ローレンツ変換をおこな
っても，S と S′ で等しいことがわかる．

第 8 章問題

[1] 回転の定義 (8.6) から $\operatorname{rot}(\operatorname{rot} \boldsymbol{E})$ を求めよ．

[2] 式 (8.34) から (8.36) を導け．

[3] 2 階反対称共変テンソル $F_{\mu\nu} = -F_{\nu\mu}$ から (8.49) で定義される反変テンソル $F^{\mu\nu} = \eta^{\mu\lambda}\eta^{\nu\rho}F_{\lambda\rho}$ が反対称であることを示せ．

[4] 電荷密度 ρ, 断面積 A をもつ無限に長い棒から距離 r の点 P の電場の強さの大きさ ((8.71) のはじめの等式) を求めよ．

[5] ローレンツ収縮を用いて，陽イオンの電荷密度の変換 $\rho_+' = \rho_+/\sqrt{1-v^2/c^2}$ を導け．

一般相対性理論の概要

電磁場を記述する理論として特殊相対性理論が完成され，また粒子の運動方程式もこの理論の枠の中で記述することができた．特殊相対性理論は，重力の影響を考えなくてもよいような慣性系相互の間の関係を明らかにすることができた．しかし，重力場の中で相互に運動する座標系の間の関係を扱うには，慣性系よりさらに一般的な基準系で成り立つ理論が必要である．アインシュタインはこの問題を追求して，1916年に一般相対性理論をつくることに成功した．この章では，一般相対性理論の概要を簡単に説明する．

178　　　　　　　　　**9**　一般相対性理論の概要

9-1　等価原理と一般相対性原理

　重さを表わす概念として質量がある．これは標準となるもの，たとえば国際キログラム原器と比較して定められる．この質量は地球の引力の大きさ，すなわち重力によって測られるので，**重力質量**とよばれる．重力質量は物体に固有な量であるが，重さは重力の大きさによって異なる．たとえば，同じ物体の重さが，月面では地面での重さの約6分の1になるという具合である．

　質量にはまた，ニュートンの運動の方程式によって定義される量もある．ニュートン力学によれば，力 F は物体の質量 m と加速度 a との積 $F=ma$ で定義される．いいかえると，同じ力を加えたときに生じる加速度は質量に反比例する，すなわち $a=F/m$ である．これは質量が大きいほど運動の状態を変化させにくい，すなわち，慣性が大きいことを意味する．そこで，ニュートンの運動方程式で定義される質量を**慣性質量**とよぶ．

　重力質量と慣性質量とは異なる概念であるが，重力質量が異なっても落下の加速度は等しいということをガリレイが発見した．この事実は重力質量と慣性質量が比例するとして解釈される．しかし落下の実験の精度はあまり高くなかった．ニュートンは，振り子の運動が振り子のおもりの重さによらないことから，少なくとも1000分の1の精度で，これらの質量はたがいに比例すると考えた．エートヴェッシュ (Roländ von Eötvös) は1896年に，巧妙な実験によって，これらの質量が比例することを 2×10^{-9} の精度で示した．その後もこれに類する実験がつづけられ，いまでは 10^{-12} の程度の精度で確かめられている．

　アインシュタインは，重力質量と慣性質量を同一視することから出発した．重力質量は重さとして感じられ，慣性質量は物体を加速するときの抵抗力として感じられる．アインシュタインはエレベーターを考えて，これらの質量の間の関係を考察した．

　エレベーターが上昇の加速度をもつとき，中の人は体が下に押しつけられるように感じるし，手に持っている荷物の重さが増したように感じる．また下降

9-1 等価原理と一般相対性原理　　　179

の加速度をもつときは，中の人は体が軽くなったように感じ，手に持っている
荷物の重さが減少したように感じる．したがって，加速と減速は重力の変化と
同じ効果をもつことがわかる．

　もしもエレベーターが密閉されていて，外の状態が全然見えないようにして
あれば，中の人はエレベーターが上向きに加速されたか，地球の引力が急に増
加したのか区別できない．密閉されたエレベーターでなくても，地球に対して
静止した座標系と，地球に対して加速度運動をしている座標系のどちらを基準
としてもよいわけである．地球に対して加速度運動をしているエレベーターを
基準にした人が感じる重さは，地球の引力とそれ以外の何かの引力によるもの
と考えても差支えないわけである．

　加速度によって生じると考えられる力はふつう見かけの力，あるいは慣性力
とよばれている．この見かけの力は重力と同じ効果をもち，原理的に区別がで
きないものである．このことをまとめると次のようにいえる．

> 慣性質量と重力質量は本来同一のもので，加速度によって生じる見
> かけの力と重力とは原理的に区別できないものである．

これを**等価原理**(principle of equivalence)という．

　重力により自然落下している加速度系に移ることによって，重力のない無重
力状態をつくることもできる．エンジンを停止している人工衛星の内部はこの
ような無重力状態になっている．しかしながら地球や太陽による重力(真の重
力)は場所によってちがい，時間によっても変わるから，全時空にわたって完
全に重力を消しうる加速度系は存在しない．したがって慣性力と重力との同等
性は空間的，時間的に限られた狭い領域に対してのみ成り立つのである．この
ことを考慮すると等価原理は

> 適当な基準系を採用すれば，任意の世界点の近傍のごく小さい領域
> で重力の影響を消し去ることができる．

と表現することができる．このような基準系を，いま考えている世界点におけ

る**局所慣性系**とよぶ．

　等価原理は，上述の力学的現象ばかりではなく，電磁気学的現象に対しても適用される．その代表的な現象として，重力による光の湾曲がある．

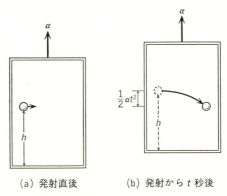

(a) 発射直後　　(b) 発射から t 秒後

図 9-1　加速度系（エレベーター）で見る物体の運動．

　重力のない空間で，一定の加速度 α で運動している箱を考える．加速度の方向に垂直に図 9-1(a) のように物体を発射して，その後はこれに力を加えないとする．慣性系で観測すれば，ニュートンの第 1 法則によって物体は等速直線運動をする．ところが加速度 α をもつ箱の中で観測すると，図 9-1(b) のように放物線を描くことになる．図では簡単のため，物体が発射された瞬間には，箱の速度はちょうど 0 であり，そのため物体は図の水平方向に発射されたとしている．箱の中の人は，箱が加速度をもっているのではなく，下向きに重力がはたらいていると考えることもできる．この場合の重力の加速度の大きさは，箱の加速度の大きさ α に等しく，物体の質量によらない．

　このことは物体の運動に限らず，光についても同様のことがいえる．図 9-2(a) のように重力のない空間を上向きに大きさ α の加速度で運動している箱の一方の壁から，床に水平に細い光の束を発射したとする．加速度 α が非常に大きい場合には，箱の中の人に対して，光は図 9-2(b) のように放物線を描くように見える．この図は，光が発射された時刻に箱がもっていた速度で上昇している慣性系で見た図である．この慣性系に対しては，箱の反対側の壁に光が到達

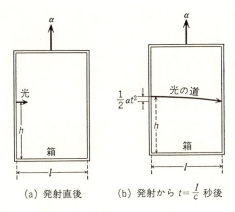

図 9-2　加速度系 (エレベーター) で見る光の道の湾曲.

する時間 t のあいだに箱は $\frac{1}{2}\alpha t^2$ だけ上昇する．光が放物線を描いたのであるから，箱の中の人は，光になぜか重力がはたらいて，光が曲がって落下したと考えることができる．光だけでなく，箱の中の物体は同様にみかけの重力を受けるわけである．この場合光や物体が下方へ受けるみかけの重力の加速度は，箱の加速度 α と同じ大きさである．つまり光は物体と同じみかけの重力による加速度を受ける．ただ光の速度が大きいので，光の道の湾曲は観測されにくいだけである．等価原理によれば，みかけの重力で光が曲がるということは，地球などによる重力によっても光は曲がるということを意味する．地上では，光も物体と同様に重力のための加速度 g を受けるわけである．

　特殊相対性理論では，座標系の変換としては，もっぱら慣性系の間の変換，すなわちローレンツ変換を考えてきた．そして特殊相対性原理は任意の慣性系に固定した座標系を用いて物理法則は同じ形で表わされることを主張した．ところが重力の問題を考えると，これまで説明してきたように，加速度系を考察する必要が生じてくる．そこでアインシュタインは特殊相対性原理を拡張して

> すべての物理法則は，任意の座標系において，いつも同じ形で表わされる．

という仮説を原理として主張した．この要請を**一般相対性原理**(principle of general relativity) という．

9-2　一般相対性理論における線素

あまり強くない重力の場について，線素 ds に対する重力の影響を考察しよう．そのため，身近な例として地表近くの一様な重力場を考える．図 9-3 のように，地表に固定した座標系において鉛直上方に x 軸をとり，自由に落下する座標系（局所慣性系）では鉛直上方に $\bar{x}$ 軸をとり，水平方向に $\bar{y}$ 軸と $\bar{z}$ 軸をとる．地表での重力加速度 g は小さいため，自由落下によって得る速さは光速に比べて無視できるので，両者の時間座標 t と $\bar{t}$ は同じとしてよい．また両座標系は $t=\bar{t}=0$ のとき一致しているとする．このとき座標変換は

$$\bar{t}=t,\ \bar{x}=x+\frac{g}{2}t^2,\ \bar{y}=y,\ \bar{z}=z$$

で与えられる．座標の微分は

$$d\bar{t}=dt,\ d\bar{x}=dx+gtdt,\ d\bar{y}=dy,\ d\bar{z}=dz$$

となる．局所慣性系では重力の影響を消すことができるので**特殊相対性理論**が

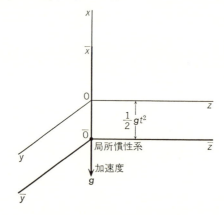

図 9-3　地上において自由落下する局所慣性系．

9-2 一般相対性理論における線素 183

成り立ち，微小世界距離の 2 乗は

$$ds^2 = d\bar{x}^2 + d\bar{y}^2 + d\bar{z}^2 - c^2 d\bar{t}^2$$

$$= (dx + gtdt)^2 + dy^2 + dz^2 - c^2 dt^2$$

$$= dx^2 + dy^2 + dz^2 + 2gtdxdt - \left(1 - \frac{g^2 t^2}{c^2}\right)c^2 dt^2$$

となる．自由落下系の座標の原点 $\bar{x} = 0$ の近傍における ds を考えることにしよう．このときは，座標変換の式から

$$x = -\frac{g}{2}t^2$$

を得るから

$$t = \sqrt{-\frac{2x}{g}}$$

となる．したがって

$$ds^2 = dx^2 + dy^2 + dz^2 + \frac{2\sqrt{-2gx}}{c}\,dxcdt - \left(1 + \frac{2gx}{c^2}\right)c^2 dt^2 \qquad (9.1)$$

となる．ここで重力のポテンシャル

$$\Phi = gx$$

を用い，x, y, z, ct をそれぞれ x^1, x^2, x^3, x^0 と書けば，上式は

$$ds^2 = (dx^1)^2 + (dx^2)^2 + (dx^3)^2 + 2\sqrt{\frac{-2\Phi}{c^2}}\,dx^1 dx^0 - \left(1 + \frac{2\Phi}{c^2}\right)(dx^0)^2$$

$$(9.2)$$

となる．これは弱い重力が $-x^1$ 方向にはたらいているときの線素 ds を与える式である．

このように任意の座標系に対して微小世界距離の 2 乗は，一般的に座標微分の 2 次形式

$$\boxed{ds^2 = g_{\mu\nu}(x)dx^\mu dx^\nu} \qquad (9.3)$$

すなわち

$$ds^2 = g_{00}(dx^0)^2 + g_{11}(dx^1)^2 + g_{22}(dx^2)^2 + g_{33}(dx^3)^2$$

$$+ 2(g_{01}dx^0 dx^1 + g_{02}dx^0 dx^2 + g_{03}dx^0 dx^3$$

$$+ g_{12}dx^1dx^2 + g_{13}dx^1dx^3 + g_{23}dx^2dx^3)$$

という形であらわせる. 微小な世界距離 ds は線素とよばれる. ここで $g_{\mu\nu}(x)$ は4次元時空座標 x^0, x^1, x^2, x^3 の関数である. 2個の微分の積は $dx^\mu dx^\nu = dx^\nu \cdot dx^\mu$ なので, ds^2 は添字について対称である. そして(9.3)は約束により添字について0から3までの和をとっているから, $g_{\mu\nu}$ は添字 μ と ν について対称 $(g_{\mu\nu} = g_{\nu\mu})$ であると考えてよい. したがって $g_{\mu\nu}$ の独立成分の数は $\mu = \nu$ の対角成分が4個と $\mu \neq \nu$ の非対角成分が6個, 全部で10個となる. すなわち g_{00}, g_{11}, g_{22}, g_{33}; $g_{01} = g_{10}, g_{02} = g_{20}, g_{03} = g_{30}, g_{12} = g_{21}, g_{13} = g_{31}, g_{23} = g_{32}$ である. これらが一般には4次元時空の場所によって異なるので(9.3)を表わしている時空座標 x^0, x^1, x^2, x^3 は曲線座標である. この曲線座標で表わされる空間の幾何学的性質を決定するのが2階対称テンソル $g_{\mu\nu}$ であり, この量をリーマン計量 (Riemannian metric), または基本テンソル (fundamental tensor), あるいは単に計量とよぶ.

特殊相対性理論で扱ってきた慣性系では, 直交直線座標系をとることができ, そのとき計量は

$$g_{\mu\nu} = \eta_{\mu\nu}$$
$$\eta_{00} = -1, \ \eta_{11} = \eta_{22} = \eta_{33} = 1, \quad \eta_{\mu\nu} = 0 \quad (\mu \neq \nu) \tag{9.4}$$

とおける. 逆にこのような計量をえらぶことのできる基準系を慣性系とよぶのである. 慣性系から加速度系への変換を行なうと, 線素は一般に(9.3)の形になる. このようにして慣性系を人為的に(9.3)の形にした座標系で表わしたときの空間を, 見かけの重力場という. たとえば, 重力のない空間で加速されたエレベーターの内部のような空間が, 見かけの重力場である.

等価原理によれば, 重力のある場合でも, 局所的に慣性系に変換出来る. しかしこの変換は考えている世界点のごく近くだけのことであり, たとえば地球の重力場のような真の重力場が存在するときには, 全時空で(9.4)のような計量をもつ座標系は存在しない. 座標変換によって全時空にわたって(9.4)のような計量に変換できるような空間を平坦な空間 (flat space) という. それに対して, 真の重力場が存在し, 全時空にわたって(9.4)のような計量に変換でき

ない空間を**曲がった空間**(curved space)という．われわれの場合は4次元時空なので図に表わすことはできないが，曲がった空間の簡単な例としては，図9-4のような2次元の球面がある．球面は局所的には平坦な2次元空間，すなわち平面とみなせるが，全球面上で計量を(9.4)のようにとることはできない．

図9-4 曲がった2次元空間と局所的な平面．

曲がった空間をあらわす g_{00} とニュートン・ポテンシャル Φ との関係は(9.2)と(9.3)の比較から

$$g_{00} = -\left(1+\frac{2}{c^2}\Phi\right)$$
$$= \eta_{00} - \frac{2}{c^2}\Phi(x, y, z) \tag{9.5}$$

となることがわかる．

時空と座標 一般相対性理論における基礎的な考え方を，ここで述べておこう．

物体の間にはたらく重力は，すべての物体に共通の性質であるから，物体の存在は重力の存在と本質的に密着した事柄で，これはすべての物体に共通な4次元時空の性質に反映されるものである．したがって4次元時空の構造は物体の存在によって定まり，4次元なので図には描けないが，物体のまわりでゆがんだ構造である．

この時空の性質は物理現象にほかならない．そして，これを観測する人の立場が，たとえば相互の運動によって異なっても，時空構造はこれと無関係に定まっている．ただ，観測者の立場がちがえば時空構造を表わすのに用いる座標

186　　　**9** 一般相対性理論の概要

系が異なることになり，具体的にはリーマン計量 $g_{\mu\nu}$ は観測者の立場，すなわち座標系によってちがうことになる．座標変換は 1 つの観測者から，別の運動をしている観測者へ移ることを意味する．しかし同じ時空を観測するわけであるから，たとえば世界距離 ds は座標変換をしても変わらない不変量である．したがって 1 つの座標系 (x^μ) で測った世界距離を ds とし，別の座標系 $(x^{\mu\prime})$ で同じ距離を測った値を ds' とし，それぞれの座標系における計量を $g_{\mu\nu}, g_{\mu\nu}{}'$ とすれば

$$
\begin{aligned}
ds^2 &= g_{\mu\nu}dx^\mu dx^\nu \\
&= g_{\mu\nu}{}'dx^{\mu\prime}dx^{\nu\prime} = ds'^2
\end{aligned}
$$

である．

　物体の運動はその物体の質量と 4 次元時空における運動方向を定める初速度によってきまり，これは時空の中の曲線として表わされる(126 ページ以下参照)．物体は速く運動するほど曲がらないで進むが，太陽のように大きな質量の近くでは時空がゆがんでいるため，光でもその経路はすこし曲がることになる．

9-3　固有時と座標時

　特殊相対性理論では，ある慣性系に固定した空間座標と時計を用いて，世界距離の 2 乗を

$$
\begin{aligned}
ds^2 &= \eta_{\mu\nu}dx^\mu dx^\nu \\
&= (dx)^2 + (dy)^2 + (dz)^2 - c^2(dt)^2
\end{aligned} \tag{9.6}
$$

と書く．このとき

$$
ds^2 = -c^2 d\tau^2
$$

によって固有時 τ を定義すると，微小固有時間 $d\tau$ はローレンツ変換に対して不変なスカラー量となる．座標系に固定した時計を考えると，その空間座標は変化しないから

9-3 固有時と座標時

$$dx = dy = dz = 0$$

となり，(9.6)から

$$d\tau = dt$$

となる．したがって固有時間 $d\tau$ と座標時間 dt とは，座標時を測定する時計に固定した座標系では，一致するといえる．

一般相対性理論においても

$$\boxed{-c^2 d\tau^2 = ds^2 = g_{\mu\nu}dx^\mu dx^\nu} \tag{9.7}$$

とおき，$d\tau$ を固有時間という．たとえば地球の重力が存在する場合には，地球を入れるような広い範囲を1つの慣性系に含ませることはできない．すなわち真の重力場が存在する場合は普遍妥当性をもった慣性系は存在しない．ただ，等価原理のおかげで局所慣性系を考えることはできる．それは自由落下しているエレベーターや人工衛星の内部のような系である．一般に世界距離の2乗は(9.3)で与えられていて，この式は10個の関数 $g_{\mu\nu}(x)$ を含んでいる．したがって4個の関数を含む座標変換

$$\bar{x}^\mu = f^\mu(x)$$

によって(9.6)の形にすることは一般にはできない．ところが時空の1点Pで考えると，その近傍では $g_{\mu\nu}(x)$ は一定の数 $g_{\mu\nu}(\mathrm{P})$ としてよいから，その時空点の近傍では

$$ds^2 = g_{\mu\nu}(\mathrm{P})dx^\mu dx^\nu$$
$$= \eta_{\mu\nu}d\bar{x}^\mu d\bar{x}^\nu$$

となるように座標変換をすることができる．この座標系が局所慣性系で，これに対しては特殊相対性理論が成立する．いいかえれば局所慣性系への座標変換は，重力を消去する変換である．そこでこの局所慣性系に固定した時計を考えると，固有時間と座標時間が一致して

$$d\tau = d\bar{t}$$

となる．しかしながら一般の座標系での固有時間と座標時間の関係は，(9.7)から

$$d\tau = \sqrt{-g_{\mu\nu}dx^\mu dx^\nu}/c$$
$$= \frac{1}{c}\sqrt{-g_{\mu\nu}\frac{dx^\mu}{dt}\frac{dx^\nu}{dt}}dt$$

で与えられる.この座標系において静止している時計で測定した座標時間と固有時間との関係は

$$d\tau = \sqrt{-g_{00}}\,dt \tag{9.8}$$

で与えられる.したがって一般座標の静止系の座標時間は固有時間とは一般に一致しない.

ここで時空座標と固有時間の関係について,念のために述べておく.固有時間,あるいはそれと定数係数による関係式(9.7)で表わされる世界距離を考えているときの座標は,物体の描く世界線の位置を示す座標である.世界線は1次元の図形であるから,1個のパラメタであらわせる.たとえば実変数 r の関数として

$$x^\mu = f^\mu(r) \quad (\mu=0,1,2,3)$$

とあらわせば,これは4次元時空の中の曲線をあらわすことになる.世界線距離 s は微分幾何で曲線をあらわすときの弧長パラメタに相当する.固有時間 τ は,上の r のようなパラメタに相当し,$d\tau$ が ds 自身に比例する.

わかりやすい例として,3次元ユークリッド空間の中の2次元曲面を考えると(図9-5),曲面は2個の実数パラメタ u, v を用いて,3個の関数 f, g, h により

$$x = f(u,v), \quad y = g(u,v), \quad z = h(u,v)$$

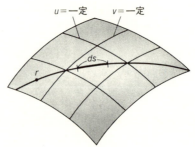

図9-5 曲線座標 (u, v) と弧長 ds.

とあらわされる．これらの方程式であらわされる曲面上の点は2次元座標$(u,$ $v)$によって定められる．この2次元曲面上に描かれる1次元曲線は，1個の実数パラメタrの関数k, lにより

$$u = k(r), \qquad v = l(r)$$

とあらわされる．パラメタrが区間$[a, b]$を動くとき，曲線の長さLは

$$L = \int_a^b \sqrt{\left(\frac{dx}{dr}\right)^2 + \left(\frac{dy}{dr}\right)^2 + \left(\frac{dz}{dr}\right)^2}\, dr$$

$$= \int_a^b \sqrt{E\left(\frac{du}{dr}\right)^2 + 2F\frac{du}{dr}\frac{dv}{dr} + G\left(\frac{dv}{dr}\right)^2}\, dr$$

ただし

$$E = \left(\frac{\partial x}{\partial u}\right)^2 + \left(\frac{\partial y}{\partial u}\right)^2 + \left(\frac{\partial z}{\partial u}\right)^2$$

$$F = \frac{\partial x}{\partial u}\frac{\partial x}{\partial v} + \frac{\partial y}{\partial u}\frac{\partial y}{\partial v} + \frac{\partial z}{\partial u}\frac{\partial z}{\partial v}$$

$$G = \left(\frac{\partial x}{\partial v}\right)^2 + \left(\frac{\partial y}{\partial v}\right)^2 + \left(\frac{\partial z}{\partial v}\right)^2$$

となる．

そこでrの関数sを

$$s = s(r) = \int_a^r \sqrt{E\left(\frac{du}{dr}\right)^2 + 2F\frac{du}{dr}\frac{dv}{dr} + G\left(\frac{dv}{dr}\right)^2}\, dr$$

で定義すると，sはパラメタrがaからrまで動くときの曲線の長さになる．この式を微分形に書くと

$$ds^2 = \left\{E\left(\frac{du}{dr}\right)^2 + 2F\frac{du}{dr}\frac{dv}{dr} + G\left(\frac{dv}{dr}\right)^2\right\}dr^2$$

$$= E(du)^2 + 2Fdudv + G(dv)^2$$

となる．パラメタrをsについて解き，あらためてsをパラメタとして採用することができる．このパラメタsを弧長パラメタという．この式の形は(9.3)に対応している．

9-4　重力場の中の物体の運動方程式

　特殊相対性理論において物体の運動方程式を求めたときは，ある瞬間に物体と同じ速度で動いている慣性系を考えれば，ニュートンの運動方程式が成り立つことに注目した．これにローレンツ変換をほどこして相対論的な運動方程式を得た．一般相対性理論の力学でも，これに似た方法で運動方程式を求めることができる．

　ある瞬間に物体とともに自由落下している基準系は局所慣性系である．局所慣性系の座標系 $\bar{x}^{\mu}$ で物体の運動を考えると重力がない場合と同じになるので，運動方程式は

$$\frac{d^2\bar{x}^{\mu}}{d\tau^2} = 0 \tag{9.9}$$

と書かれる．これを物質の分布で定まったリーマン計量 $g_{\mu\nu}$ をもつ時空の中で一般の座標に変換すれば，一般相対論の運動方程式が得られる．

　局所慣性系の座標系と一般の座標系との間の変換

$$x^{\mu} = x^{\mu}(\bar{x}), \qquad \bar{x}^{\nu} = \bar{x}^{\nu}(x^{\mu}) \tag{9.10}$$

を考える．世界距離の 2 乗は

$$\begin{aligned}
ds^2 &= \eta_{\mu\nu}d\bar{x}^{\mu}d\bar{x}^{\nu} \\
&= \eta_{\mu\nu}\frac{\partial\bar{x}^{\mu}}{\partial x^{\sigma}}\frac{\partial\bar{x}^{\nu}}{\partial x^{\tau}}\,dx^{\sigma}dx^{\tau} \\
&= g_{\sigma\tau}dx^{\sigma}dx^{\tau}
\end{aligned}$$

となる．したがって

$$g_{\sigma\tau} = \eta_{\mu\nu}\frac{\partial\bar{x}^{\mu}}{\partial x^{\sigma}}\frac{\partial\bar{x}^{\nu}}{\partial x^{\tau}} \tag{9.11}$$

となる．ここで反変 2 階テンソル

$$g^{\lambda\rho} = \eta^{\alpha\beta}\frac{\partial x^{\lambda}}{\partial\bar{x}^{\alpha}}\frac{\partial x^{\rho}}{\partial\bar{x}^{\beta}} \tag{9.12}$$

を定義する．逆行列の関係式

9-4 重力場の中の物体の運動方程式

$$\eta^{\alpha\mu}\eta_{\mu\nu} = \delta^{\alpha}_{\nu}, \qquad \frac{\partial x^{\rho}}{\partial \bar{x}^{\beta}}\frac{\partial \bar{x}^{\mu}}{\partial x^{\rho}} = \frac{\partial \bar{x}^{\mu}}{\partial \bar{x}^{\beta}} = \delta^{\mu}_{\beta}$$

などを使って計算すると(問題2),

$$g^{\lambda\rho}g_{\rho\tau} = \delta^{\lambda}_{\tau} \tag{9.13}$$

を得る. すなわち $(g^{\lambda\rho})$ は $(g_{\rho\tau})$ の逆行列である. 運動方程式(9.9)に変換(9.10)
をほどこすと

$$\frac{d\bar{x}^{\mu}}{d\tau} = \frac{\partial \bar{x}^{\mu}}{\partial x^{\rho}}\frac{dx^{\rho}}{d\tau}$$

$$\frac{d^2\bar{x}^{\mu}}{d\tau^2} = \frac{\partial \bar{x}^{\mu}}{\partial x^{\rho}}\frac{d^2 x^{\rho}}{d\tau^2} + \frac{\partial^2 \bar{x}^{\mu}}{\partial x^{\rho}\partial x^{\sigma}}\frac{dx^{\rho}}{d\tau}\frac{dx^{\sigma}}{d\tau} = 0$$

となる. 第2辺と最右辺に $\partial x^{\lambda}/\partial \bar{x}^{\mu}$ をかけて, μ について 0 から 3 までの和を
とると

$$\frac{d^2 x^{\lambda}}{d\tau^2} + \frac{\partial x^{\lambda}}{\partial \bar{x}^{\mu}}\frac{\partial^2 \bar{x}^{\mu}}{\partial x^{\rho}\partial x^{\sigma}}\frac{dx^{\rho}}{d\tau}\frac{dx^{\sigma}}{d\tau} = 0 \tag{9.14}$$

となる. ここでクリストッフェルの記号

$$\begin{Bmatrix} \lambda \\ \rho\sigma \end{Bmatrix} = \begin{Bmatrix} \lambda \\ \sigma\rho \end{Bmatrix} = \frac{1}{2}g^{\lambda\tau}\left(\frac{\partial g_{\tau\sigma}}{\partial x^{\rho}} + \frac{\partial g_{\tau\rho}}{\partial x^{\sigma}} - \frac{\partial g_{\rho\sigma}}{\partial x^{\tau}}\right) \tag{9.15}$$

を定義する. 定義(9.11)と(9.12)から計算すると(問題3),

$$\begin{Bmatrix} \lambda \\ \rho\sigma \end{Bmatrix} = \frac{\partial x^{\lambda}}{\partial \bar{x}^{\nu}}\frac{\partial^2 \bar{x}^{\nu}}{\partial x^{\sigma}\partial x^{\rho}}$$

となる. 物体の運動方程式(9.14)と比較すると, 一般相対論における物体の運
動方程式として

$$\boxed{\frac{d^2 x^{\lambda}}{d\tau^2} + \begin{Bmatrix} \lambda \\ \rho\sigma \end{Bmatrix}\frac{dx^{\rho}}{d\tau}\frac{dx^{\sigma}}{d\tau} = 0} \tag{9.16}$$

を得る. 方程式(9.16)は局所慣性系における直線の方程式(9.9)を一般化した
ものであるので, 地球を測量するときの測地線になぞらえて, 方程式(9.16)を
測地線(geodesic)の方程式という.

この式から, 重力が弱く, 運動が光速度に対しておそい場合には, ニュート
ン力学における重力場の中の物体の運動方程式が導かれるはずである. これを

192　　　**9**　一般相対性理論の概要

吟味しよう．重力は時間によらないとする．重力があるときの計量を

$$g_{\mu\nu} = \eta_{\mu\nu} + h_{\mu\nu}(x)$$

とおく．重力が弱いため

$$|h_{\mu\nu}(x)| \ll 1$$

が成り立つとする．また時間によらないことは

$$\frac{\partial g_{\mu\nu}(x)}{\partial x^0} = 0$$

で表わされる．物体の速度がおそいので，$(dx^0/d\tau)^2 \cong c^2$ を除き，$(dx^\rho/d\tau)(dx^\sigma/d\tau)$ を無視してよい．したがって運動方程式(9.16)は

$$\frac{d^2 x^\lambda}{d\tau^2} + c^2 \begin{Bmatrix} \lambda \\ 00 \end{Bmatrix} = 0$$

となる．ここで

$$\begin{Bmatrix} \lambda \\ 00 \end{Bmatrix} = \frac{1}{2} g^{\lambda\tau} \left(2\frac{\partial g_{0\tau}}{\partial x^0} - \frac{\partial g_{00}}{\partial x^\tau} \right) = -\frac{1}{2} \sum_{\tau=0}^{3} g^{\lambda\tau} \frac{\partial g_{00}}{\partial x^\tau}$$

$$= -\frac{1}{2} \sum_{\tau=1}^{3} (\eta^{\lambda\tau} + h^{\lambda\tau}) \frac{\partial}{\partial x^\tau}(-1 + h_{00})$$

$$\cong -\frac{1}{2} \frac{\partial h_{00}}{\partial x^\lambda} \qquad (\lambda = 1, 2, 3)$$

となる．最後の式で，$h_{\mu\nu}$ の2乗の項は1乗の項に比べて小さいとして無視した．この近似では $d\tau = dt$ としてよいから

$$\frac{d^2 x^\lambda}{dt^2} - \frac{c^2}{2} \frac{\partial h_{00}}{\partial x^\lambda} = 0 \qquad (\lambda = 1, 2, 3)$$

となる．これはニュートンの運動方程式において重力ポテンシャルを $m\Phi$ とした式

$$\frac{d^2 x^\lambda}{dt^2} = -\frac{\partial \Phi}{\partial x^\lambda} \qquad (\lambda = 1, 2, 3)$$

と同じ形である．したがって

$$g_{00} \cong -1 - (2/c^2)\Phi$$

とおけば，両者は一致する．これは(9.5)と同じ式である．この近似では g_{00} の変化，すなわち時空のゆがみは重力 Φ に比例している．物体や光は，このゆが

んだ時空の中を測地線を描いて運動するわけである.

9-5 重力場の方程式

一般相対性理論においては,時空の様子は物質の分布によって定まる. 具体的にいえば,時空の計量 $g_{\mu\nu}$ が質量の分布によって定まる. さらに,弱い重力の近似において示したように,$g_{\mu\nu}$ はニュートン力学における万有引力のポテンシャルに相当するものである. したがって <u>10 個の計量 $g_{\mu\nu}$ は時空における重力ポテンシャルである</u>ということができる.

そこで次の問題は,重力ポテンシャル $g_{\mu\nu}$ を物質の分布によって定める方程式,すなわち重力場の方程式を求めることである. この方程式は,弱い場のときには,ニュートンの万有引力によるポテンシャルを与えるものでなければならない.

ニュートンの万有引力の法則によれば,質量 M の物体から r の距離におけるポテンシャルは

$$\Phi = -GM/r$$
$$G = 6.672 \times 10^{-11}\,\mathrm{m^3 \cdot kg^{-1} \cdot s^{-2}}$$

(9.17)

で与えられ,これは原点を除いてラプラス方程式

$$\Delta\Phi \equiv \left(\frac{\partial^2}{\partial x^2} + \frac{\partial^2}{\partial y^2} + \frac{\partial^2}{\partial z^2}\right)\Phi = 0$$

(9.18)

を満足する. 多くの物体 $M_1, M_2, \cdots$ がそれぞれ $\boldsymbol{r}_1, \boldsymbol{r}_2, \cdots$ にあるとき,位置 $\boldsymbol{r}$ におけるポテンシャルは

$$\Phi = -G \sum_i \frac{M_i}{|\boldsymbol{r}_i - \boldsymbol{r}|}$$

である. これは,(9.17)の線形の和であることからもわかるように,やはりラプラス方程式(9.18)を満足する. したがってラプラス方程式は,特殊な物体の分布には無関係に,ニュートンの万有引力ポテンシャルが満足する方程式で,これを適当な条件の下で解けば,その引力場が求められるのである.

194　　**9**　一般相対性理論の概要

　しかし，ラプラス方程式は物体のある場所を除いて成立するものである．も
しも質量が密度 ρ をもって連続的に分布しているならば，重力場が満たす方程
式は，ポアソン方程式

$$\Delta\Phi \equiv \left(\frac{\partial^2}{\partial x^2} + \frac{\partial^2}{\partial y^2} + \frac{\partial^2}{\partial z^2}\right)\Phi = 4\pi G\rho \tag{9.19}$$

で与えられる．これと同形の方程式は静電場に対しても成立する．質量密度 ρ
は重力場の源になり，荷電密度は静電場の源になることになる．

　上のポテンシャル Φ に相当するものは，重力場では物質の分布によって定ま
る時空構造のゆがみであり，リーマン計量 $g_{\mu\nu}$ の関数と考えられる．また密度
ρ に相当するものは物質の分布に関係した量であると考えられる．アインシュ
タインは深い洞察の末，ポアソン方程式の一般相対論的拡張と考えられる重力
場の方程式を導き出した．これについてくわしく述べることは本書の程度を越
えることになるので，その結果をいくらか述べることに止めざるを得ない．不
完全ながら電磁場との類推を用いて話をすすめてみることにする．電磁場の 4
元ポテンシャル A_μ に相当するのが重力場の $g_{\mu\nu}$ である．電荷 q をもつ粒子の，
電磁場の中での運動方程式は，(8.66) により

$$m\frac{d^2 x^\mu}{d\tau^2} = q\eta^{\mu\nu}f_{\nu\lambda}\frac{dx^\lambda}{d\tau}$$

で与えられる．この式が重力場の中の物体の運動方程式(9.16)に相当する．粒
子の運動方程式に現われる場の量は，電磁場では(8.44)で定義される

$$f_{\mu\nu} = \partial_\mu A_\nu - \partial_\nu A_\mu$$

であり，重力場では(9.15)で定義される $\left\{\begin{matrix}\lambda\\\rho\sigma\end{matrix}\right\}$ である．電磁場の場合には，マ
クスウェルの方程式を記述するのに，場の強さと同時に電束密度と磁束密度の
概念を使ったことに対応して，(8.47) と (8.49) で

$$F^{\nu\mu} = (1/\mu_0)\eta^{\nu\lambda}\eta^{\mu\rho}f_{\lambda\rho}$$

という量を定義した．しかし $F^{\nu\mu}$ と $f_{\lambda\rho}$ とは，真空では定数の違いしかないの
で，本質的には同じものである．

　ポアソン方程式(9.19)に相当する 2 階の偏微分方程式を導くためには，$F^{\mu\nu}$

9-5 重力場の方程式

をもう1回偏微分して

$$\partial_\lambda F^{\mu\nu} \tag{9.20}$$

という量を考える。この手続きに対応して，クリストッフェルの記号を偏微分した量を考える必要があるが，テンソルの変換性をもつ量としては

$$R^\lambda_{\ \mu\nu\rho} = \partial_\nu \begin{Bmatrix} \lambda \\ \mu\rho \end{Bmatrix} - \partial_\rho \begin{Bmatrix} \lambda \\ \mu\nu \end{Bmatrix} + \begin{Bmatrix} \lambda \\ \sigma\nu \end{Bmatrix} \begin{Bmatrix} \sigma \\ \mu\rho \end{Bmatrix} - \begin{Bmatrix} \lambda \\ \sigma\rho \end{Bmatrix} \begin{Bmatrix} \sigma \\ \mu\nu \end{Bmatrix} \tag{9.21}$$

がある。これは**曲率テンソル**とよばれる量で，4次元時空が曲がっていることを表わす量である。

電磁場の方程式(8.50)

$$\partial_\nu F^{\mu\nu} = j^\mu$$

の左辺は，(9.20)の添字 λ と ν について縮約，すなわち λ と ν を揃えて0から3までの和をとった量である。曲率テンソル(9.21)において，添字 λ と ρ について縮約すると

$$R_{\mu\nu} \equiv R^\lambda_{\ \mu\nu\lambda} = \partial_\nu \begin{Bmatrix} \lambda \\ \mu\lambda \end{Bmatrix} - \partial_\lambda \begin{Bmatrix} \lambda \\ \mu\nu \end{Bmatrix} + \begin{Bmatrix} \lambda \\ \sigma\nu \end{Bmatrix} \begin{Bmatrix} \sigma \\ \mu\lambda \end{Bmatrix} - \begin{Bmatrix} \lambda \\ \sigma\lambda \end{Bmatrix} \begin{Bmatrix} \sigma \\ \mu\nu \end{Bmatrix} \tag{9.22}$$

を得る。この量はリッチのテンソルと呼ばれる。さらに $g^{\mu\nu}$ と $R_{\mu\nu}$ の積を縮約して，スカラー曲率

$$R = g^{\mu\nu} R_{\mu\nu} \tag{9.23}$$

を得る。

電磁場の方程式の右辺の量 j^μ は4元電流密度で，電磁場の源となるものである。重力場の源となるものは質量であるが，質量が連続的に分布している物体を扱うならば，その物体の内部の応力が系の慣性的な振舞いに関与して，その場の源となると予想される。古典力学の弾性体では応力は2階のテンソルである。相対性理論でも応力は2階のテンソルであって，時空が4次元であるから，10個の成分をもつ対称テンソルであると考えられる。これを $T_{\mu\nu}$ と書くと，T_{00} は質量密度に比例し，その他の成分は速度と密度に関係するものであることが示され，$T_{\mu\nu}$ は**エネルギー・運動量テンソル**とよばれる。

アインシュタインはこれらの考察のもとに，**重力場の方程式**が

$$R_{\mu\nu} - \frac{1}{2} g_{\mu\nu} R - \lambda g_{\mu\nu} = \kappa T_{\mu\nu} \qquad (9.24)$$

と書けることを示した．ここで κ は万有引力定数 G に関係した定数で，**アインシュタインの重力定数**とよぶ．λ は宇宙全体の構造を論じるために後に導入された，宇宙定数とよばれる小さな定数で，太陽系などを論じるときには無視される．定義からわかるように $R_{\mu\nu}$ や $g_{\mu\nu} R$ は $g_{\mu\nu}$ について非線形な量で，(9.24) はたいへん複雑な方程式である．

重力場の方程式 (9.24) に $g^{\mu\nu}$ を掛けて縮約すると，$g^{\mu\nu} g_{\mu\nu} = 4$ となることから，

$$-R - 4\lambda = \kappa T$$

となる．ここで

$$T = g^{\mu\nu} T_{\mu\nu}$$

とおいた．したがって，アインシュタインの重力場の方程式は

$$R_{\mu\nu} + \lambda g_{\mu\nu} = \kappa \left(T_{\mu\nu} - \frac{1}{2} g_{\mu\nu} T \right) \qquad (9.25)$$

と書き直せる．物質も電磁場もないところで，宇宙項 $\lambda g_{\mu\nu}$ を無視すれば，重力場の方程式は，簡単に

$$R_{\mu\nu} = 0 \qquad (9.26)$$

となる．

なお物質を流体と考えて，その局所慣性系からみる静止質量密度を $\rho(x)$，流れの 4 元速度を $u^{\mu} = dx^{\mu}/d\tau$ とする．また局所慣性系からみた圧力を $p(x)$ とすれば，電磁場のないとき，エネルギー・運動量テンソルは

$$T^{\mu\nu} = -(\rho(x) + p(x)/c^2) u^{\mu} u^{\nu} - p(x) g^{\mu\nu} \qquad (9.27)$$

で与えられる．

さて，弱い重力場でかつ物質の速度が光速度に比べて無視できる場合には，アインシュタインの重力場の方程式からニュートンの重力場の方程式が導かれることを示そう．このときは

$$g_{\mu\nu}(x) = \eta_{\mu\nu} + h_{\mu\nu}(x)$$

$$|h_{\mu\nu}(x)| \ll 1$$

とおける. また $h_{\mu\nu}$ は時間 x^0 に無関係で, さらに, 圧力が無視できるとする. この場合は $u^0=c,\ u^k=0\ (k=1,2,3)$ としてよいから,

$$T^{00} = -\rho(x)c^2 = T$$

以外の $T^{\mu\nu}$ の成分は 0 とおいてよい. また $h_{\mu\nu}$ の 2 次以上を無視すると

$$R_{00} = -\sum_{l=1}^{3} \partial_l \begin{Bmatrix} l \\ 00 \end{Bmatrix} = \frac{1}{2} \sum_{l=1}^{3} \partial_l \partial_l g_{00}$$

$$= \frac{1}{2}\left(\frac{\partial^2}{\partial x^2}+\frac{\partial^2}{\partial y^2}+\frac{\partial^2}{\partial z^2}\right)g_{00} = \frac{1}{2}\Delta g_{00}$$

となるから, 重力場の方程式は, 宇宙定数 $\lambda=0$ とおいて

$$\Delta g_{00} = -\kappa\rho(x)c^2$$

となる. これに(9.5)を代入すれば

$$\Delta\Phi = \frac{c^4\kappa}{2}\rho(x) \tag{9.28}$$

となる. ここで(9.19)と比較して

$$\kappa = \frac{8\pi G}{c^4} = 2.08\times 10^{-43}\ \text{s}^2\cdot\text{m}^{-1}\cdot\text{kg}^{-1}$$

とおけば, (9.28)はニュートンの重力場の方程式と一致する.

9-6 球対称な静的重力場

アインシュタインの重力場の方程式は 10 個の未知関数 $g_{\mu\nu}(x)$ を含み, $g_{\mu\nu}$ について非線形の連立 2 階の偏微分方程式であるから, 一般的に厳密解を求めることはむずかしい. そこで球対称で静的な, すなわち時間的に変化しないという仮定により, 未知関数の数をへらして厳密に解いたのがシュヴァルツシルト (Karl Schwarzschild) である.

座標の原点に重心をもち, 球対称の質量分布をしている物質がある場合を考える. 宇宙項を無視すると, 物質の外部の空間においては, 重力場の方程式は (9.26)となる. 微小世界距離の 2 乗は, 球体称で静的な場合には, 極座標

$$x^0 = ct,\ x^1 = r,\ x^2 = \theta,\ x^3 = \varphi$$

198   **9**   一般相対性理論の概要

を用いて，

$$ds^2 = g_{00}(r)(dx^0)^2 + g_{11}(r)(dr)^2 + r^2\{(d\theta)^2 + \sin^2\theta(d\varphi)^2\} \tag{9.29}$$

と書くことができる．このように書くと，未知関数は g_{00} と g_{11} の 2 個だけである．そこで

$$g_{00}(r) = -e^{\nu(r)}, \qquad g_{11}(r) = e^{\lambda(r)} \tag{9.30}$$

というおきかえをすると

$$ds^2 = -e^{\nu}(dx^0)^2 + e^{\lambda}(dr)^2 + r^2\{(d\theta)^2 + \sin^2\theta(d\varphi)^2\} \tag{9.31}$$

となる．クリストッフェルの記号 (9.15) を計算すると

$$\begin{Bmatrix}0\\01\end{Bmatrix} = \begin{Bmatrix}0\\10\end{Bmatrix} = \frac{1}{2}\frac{d\nu}{dr}, \qquad \begin{Bmatrix}1\\00\end{Bmatrix} = \frac{1}{2}\frac{d\nu}{dr}e^{\nu-\lambda}, \qquad \begin{Bmatrix}1\\11\end{Bmatrix} = \frac{1}{2}\frac{d\lambda}{dr}$$

$$\begin{Bmatrix}1\\22\end{Bmatrix} = -re^{-\lambda}, \qquad \begin{Bmatrix}1\\33\end{Bmatrix} = -r\sin^2\theta e^{-\lambda}, \qquad \begin{Bmatrix}2\\12\end{Bmatrix} = \begin{Bmatrix}2\\21\end{Bmatrix} = \frac{1}{r}$$

$$\begin{Bmatrix}2\\33\end{Bmatrix} = -\sin\theta\cos\theta, \qquad \begin{Bmatrix}3\\13\end{Bmatrix} = \begin{Bmatrix}3\\31\end{Bmatrix} = \frac{1}{r}, \qquad \begin{Bmatrix}3\\23\end{Bmatrix} = \begin{Bmatrix}3\\32\end{Bmatrix} = \cot\theta$$

$$\text{その他の } \begin{Bmatrix}\lambda\\\mu\nu\end{Bmatrix} = 0$$

$$\tag{9.32}$$

となる．

リッチのテンソル (9.22) を計算して，重力場の方程式 (9.26) の左辺が 0 でないものを書くと

$$R_{00} = e^{\nu-\lambda}\left\{-\frac{1}{2}\frac{d^2\nu}{dr^2} - \frac{1}{4}\left(\frac{d\nu}{dr}\right)^2 + \frac{1}{4}\frac{d\nu}{dr}\frac{d\lambda}{dr} - \frac{1}{r}\frac{d\nu}{dr}\right\} = 0$$

$$R_{11} = \frac{1}{2}\frac{d^2\nu}{dr^2} + \frac{1}{4}\left(\frac{d\nu}{dr}\right)^2 - \frac{1}{4}\frac{d\nu}{dr}\frac{d\lambda}{dr} - \frac{1}{r}\frac{d\lambda}{dr} = 0$$

$$R_{22} = -1 + e^{-\lambda}\left(1 + \frac{1}{2}r\frac{d\nu}{dr} - \frac{1}{2}r\frac{d\lambda}{dr}\right) = 0$$

$$R_{33} = -\sin^2\theta + \sin^2\theta e^{-\lambda}\left(1 + \frac{1}{2}r\frac{d\nu}{dr} - \frac{1}{2}r\frac{d\lambda}{dr}\right) = 0$$

$$\tag{9.33}$$

となる．第 1 式に $e^{-\nu+\lambda}$ をかけて第 2 式に加えると

$$e^{-\nu+\lambda}R_{00} + R_{11} = -\frac{1}{r}\frac{d}{dr}(\nu+\lambda) = 0$$

9-6 球対称な静的重力場   199

を得る．これから，b を任意の定数として

$$\nu + \lambda = b \tag{9.34}$$

と書ける．この式を第3式に代入して ν を消去すると

$$R_{22} = -1 + e^{-\lambda}\left(1 - r\frac{d\lambda}{dr}\right)$$

$$= -1 + \frac{d}{dr}(re^{-\lambda}) = 0$$

を得る．この式を積分すれば，a を積分定数として

$$-r + re^{-\lambda} + a = 0$$

$$\therefore \quad e^{-\lambda} = 1 - a/r \tag{9.35}$$

となる．これらの解(9.34)と(9.35)を方程式(9.33)に代入すると，すべての方程式をみたすことがわかる．

したがって(9.31)は

$$ds^2 = -\left(1 - \frac{a}{r}\right)e^{b}(dx^0)^2 + \frac{1}{1 - a/r}(dr)^2 + r^2\{(d\theta)^2 + \sin^2\theta(d\varphi)^2\}$$

となる．ここで b は任意の定数であるから，$e^{b/2}x^0$ を改めて x^0 と書くことにすれば

$$ds^2 = -\left(1 - \frac{a}{r}\right)(dx^0)^2 + \frac{1}{1 - a/r}(dr)^2 + r^2\{(d\theta)^2 + \sin^2\theta(d\varphi)^2\} \tag{9.36}$$

となる．積分定数 a を定めるには，弱い重力場近似の式(9.5)にニュートン力学のポテンシャル(9.17)を代入して比較すると

$$g_{00}(r) = -1 + \frac{a}{r} = -1 + \frac{2}{c^2}\frac{GM}{r}$$

となる．すなわち

$$a = \frac{2GM}{c^2} = \frac{\kappa c^2 M}{4\pi} \tag{9.37}$$

である．計量が(9.36)で与えられているアインシュタインの重力場の方程式(9.26)の解を，**シュヴァルツシルト解**とよぶ．これは重力の源となっている物質の外部で成り立つ解である．

積分定数 a は，長さの次元をもち，重力の源となる物質の質量に比例する量で，その物質の**重力半径**とよばれる．動径 r が a に近づくと g_{00} は 0 に，g_{11} は ∞ に近づく．しかも，r が a を越えると g_{00} と g_{11} の符号が逆転する．この奇妙な特異面の様子をくわしくしらべることによって，興味ある現象がおこりうることが知られている．この面の内部から出た光は，面の外へ出ることができ

シュヴァルツシルト
(Karl Schwarzschild, 1873–1916)

ドイツのフランクフルト・アム・マインで生まれた．1901 年にゲッチンゲン大学の教授兼天文台長になり，1909 年にはポツダムの天体物理学観測所長として転出した．天文学者として数々の業績をあげたが，理論物理学への貢献も大きい．中でも重力場の方程式の厳密解を見出したことは有名である．

アインシュタインの重力場の方程式が得られたのは 1915 年である．これは 10 個の $g_{\mu\nu}$ についての連立 2 階非線形偏微分方程式であるから，特解にしても厳密解を求めるのはむずかしい．アインシュタインは 1915 年の論文で，逐次近似法でこの方程式を解いて，水星の近日点の移動など，いろいろ興味ある結論を導き出した．

アインシュタインの重力場の方程式を何も近似しないで厳密に解いたのはシュヴァルツシルトがはじめてである．これはアインシュタインの上記の論文と同じくプロイセンの科学アカデミーの雑誌に 1916 年に発表された．シュヴァルツシルトは第 1 次大戦でドイツが敗色濃くなった 1915 年に東部戦線へ向かわされたが，そこで病を得た．帰還後，病気と闘いながら彼はこの論文を書き，43 歳で死んだのである．戦争下の困難な時期に，アインシュタインの論文をいちはやく研究して，ただちにすばらしい仕事を残して消えたのであったが，シュヴァルツシルト半径という宇宙の謎のようなものを発見していたという事実は，人の心の到達力の不可思議さを思わせずにおかない．

ないので，外部にいる観測者は内部を見ることができない．そこで，地平線の先は直接眼で見ることができないことになぞらえて，この面のことを**事象の地平線**(event horizon)とよぶ．重力の源を太陽とすると $M_\odot = 1.989 \times 10^{30}$ kg であるから $a_\odot = 2.953 \times 10^3$ m ≈ 3 km となる．太陽の半径は 6.96×10^8 m ≈ 70 万 km で，物質の内部では方程式(9.26)は成り立たないから，太陽の重力場には事象の地平線はあらわれない．しかし広い宇宙には，半径が a より小さい星が存在すると考えられている．この星から出た光は事象の地平線を越えることができず，外部の観測者にとっては見ることのできない星であるから，特異面の内部は**ブラック・ホール**(black hole)とよばれている．

9-7　一般相対性理論の検証

特殊相対性理論は現代素粒子物理学の基礎をなす理論の1つとして実験的に確立された理論であるということができる．一般相対性理論は，任意の座標系において同等に記述されるという高い対称性をもった理論として，マクスウェルの電磁場理論とともに完成度の高い理論であるといえる．しかしながら，理論の壮大さに比べて実験的裏付けは比較的少ない．重力場の理論は10個の未知関数 $g_{\mu\nu}(x)$ を含むが，現在定量的に確かめられている実験は3種類だけである．それらは

(1)　重力場による光のスペクトル線のずれ

(2)　重力場による光の径路のまがり

(3)　惑星の近日点の前進

の3つである．

アインシュタインの重力場の方程式(9.24)の特徴の1つは，$g_{\mu\nu}$ について非線形な方程式であることである．それは $R_{\mu\nu}$ の定義(9.22)はクリストッフェルの記号 $\begin{Bmatrix} \lambda \\ \mu\nu \end{Bmatrix}$ の2次式で表わされ，その定義(9.15)は $(g_{\mu\nu})$ の逆行列の成分 $g^{\lambda\kappa}$ を含んでいるからである．行列の逆行列は小行列と行列式の比で与えられ，一般に非線形となるからである．シュヴァルツシルト解(9.36)でみると，g_{00}

$=-1+a/r$ であるから

$$g^{00} = \frac{1}{g_{00}} = -\frac{1}{1-a/r} = -\left(1+\frac{a}{r}+\left(\frac{a}{r}\right)^2+\cdots\right)$$

となり，非線形性は a/r のベキで表わされる．より一般的には，アインシュタインの重力定数 κ のベキ展開で表わされる．重力場が非常に強い，事象の地平線の近くでは，a/r は1に近くなる．ところがわれわれの近辺では重力の高次の影響はたいへん小さい．たとえば太陽表面では，太陽半径 $r_\odot \approx 7\times 10^5$ km，$a_\odot \approx 3$ km であるから

$$a_\odot/r_\odot \approx 4\times 10^{-6} \ll 1$$

となる．地表での値は $a_\oplus/r_\oplus \approx 1.4\times 10^{-9}$ となる．このように小さい数のベキが現われるので，重力場の非線形性の影響を実験的にしらべることは困難になる．

上述の3種の実験のうち(1)と(2)は等価原理によって説明することができる．まず(1)の光のスペクトル線のずれについては，地上の実験として考えると，次のような思考実験で理解されるであろう．

地上の高さ l にある光源Aから単色光を発光して，地上Bでこの光の波長を測定する．この実験を自由落下している系Cから眺める．自由落下している系は局所慣性系であるから，等価原理により特殊相対性理論が適用できる．

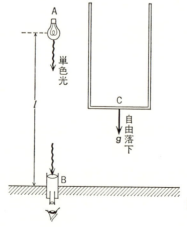

図9-6 光のスペクトル線のずれ．

光がAを出発してBに到着するまでの時間はl/cで，この間にCは重力加速度gによって加速され，速さが$\Delta v = gl/c$だけ増加する．そのため，Cから見ると，光がAを出発するときとBへ到着するときとでは，BがA方向へ向かう速さがΔvだけ増加する．したがってBで測定する光の波長はドップラー効果により，式(5.54)のVにΔvを代入して

$$\frac{\nu_B}{\nu_A} = \sqrt{\frac{1+\Delta v/c}{1-\Delta v/c}} \approx 1 + \frac{\Delta v}{c} = 1 + \frac{gl}{c^2}$$

を得る．振動数の変化の割合は

$$\frac{\delta \nu}{\nu_A} = \frac{\nu_B - \nu_A}{\nu_A} \approx \frac{gl}{c^2}$$

となる．パウンド(R. V. Pound)とレブカ(G. A. Rebka)は，1960年に$l=22$ mの場所で実験を行なった．その結果は(実験値)/(理論値)$=1.05 \pm 0.10$であった．一般には光源の振動数をν_s，重力場を$g_{00}(s)$，観測者のそれらを$\nu_o, g_{00}(o)$と書くと

$$\frac{\nu_o}{\nu_s} = \sqrt{\frac{g_{00}(o)}{g_{00}(s)}}$$

となる．地上で上から下へ光が進むときは，振動数が増加するので青方変移が起こる．逆に光が下から上へ進むときには赤方変移が起こる．

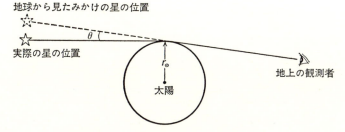

図9-7 太陽による星の光の屈折．

重力場による光の径路のまがりについては，すでに図9-2で等価原理による説明を行なった．太陽表面をすれすれに通過する光は図9-7のように屈折する．屈折角をθとすると

$$\theta = \frac{4GM_\odot}{c^2 r_\odot} = 8.48 \times 10^{-6} \text{ラジアン} = 1''75$$

となる．この観測は，太陽が明かる過ぎてふだんは見えないので，日食のときに行なわれている．しかし実験上の困難があって，測定の精度はあまりよくない．

惑星の近日点の前進というのは，惑星が近日点を出発して太陽のまわりを回転して 1 まわりすると，つぎの近日点は，図 9-8 のように，出発点より前へ進むことである．アインシュタインの重力定数 κ の 1 次の近似では，惑星の軌道は楕円形である．惑星が近日点を出発して，次の近日点に到るまでに太陽のまわりを回転する角度を φ とすると，軌道が楕円形のときは $\varphi = 2\pi$ である．重力場の中の質点の運動の方程式 (9.16) の $\begin{Bmatrix} \lambda \\ \rho\sigma \end{Bmatrix}$ にシュヴァルツシルト解 (9.36) の $g_{\mu\nu}$ を代入して，κ について 2 次までの近似で計算すると，軌道は楕円形からずれて図 9-8 のようになる．そのとき，近日点から次の近日点までの回転角を φ とすると

$$\varphi = 2\pi + \delta$$
$$\frac{\delta}{2\pi} = \frac{\varphi - 2\pi}{2\pi} = \frac{3GM_\odot}{c^2 l(1-e^2)}$$

となる．ここで l は楕円形の半長軸，e は楕円の離心率である．この近日点の前進の角度 δ を 100 年間累計すると，水星の場合約 $43''0$ になる．このずれは

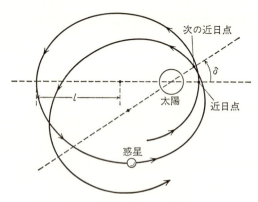

図 9-8 惑星の近日点の前進．

9-7 一般相対性理論の検証

19 世紀以来謎とされていたが，アインシュタインの理論が謎を解いたことになり，この理論が強く支持されることになった．

　上述の 3 種類の現象のほかにも，一般相対性理論で論ずることができる現象はいくつか知られている．マクスウェルの電磁気論では，電磁場が波動方程式をみたすことから，電磁波が存在することが予言された．そして実験的に確かめられ，光も電磁波であることがわかり，電波として実用化されていることは周知のとおりである．重力の方程式も線形近似をすると重力波の解を得ることが知られている．したがって原理的には，電磁波と同様に重力波も放射と吸収が行なわれるはずである．しかしながら重力の相互作用の大きさがたいへん小さいために，多くの実験物理学者たちの努力にもかかわらず，いまだに重力波の検出に成功していない．

　重力場の方程式は時空の曲率で記述されているので，一般相対性理論により宇宙の曲率について論ずることができ，曲率が時間的に変化する動的宇宙解が求められている．また，星雲から地上へとどく光のスペクトルを測定すると，われわれから星雲までの距離が遠くなればなるほどスペクトル線が赤方変移していることが，ハッブル(Edwin Hubble)によって 1926 年に見出された．重力場の方程式の動的宇宙解には，宇宙の曲率半径が時間とともに増大する膨張宇宙解がある．パラメタを適当にとることによって，この解によって赤方変移の観測事実を説明することができる．

　宇宙は約 150 億年前には非常に小さかったが，大爆発(ビッグ・バン big bang)を起こしてから膨張をつづけている．その爆発の名残りは現在，宇宙にある熱放射に認められる．これは絶対温度で約 3 度の放射にあたるので，3K 放射とよばれている．

　ロケットや人工衛星を使って，大気圏外に出て星を観測できるようになったので，大気にさまたげられることがなくなり，X 線を出している星があることがわかった．この X 線星の伴星として，9-6 節の最後に述べたブラック・ホールの候補者も見つかっている．

第 9 章問題

[1] 地上で水平に真空中に発射された光が，a km 進んだときの自由落下の距離は何メートルか．

[2] 逆行列の関係 (9.13) を導け．

[3] クリストッフェルの記号の定義 (9.15) を，$g_{\sigma\tau}$ と $g^{\lambda\rho}$ の定義 (9.11) と (9.12) を用いて計算して，

$$\begin{Bmatrix} \lambda \\ \rho\sigma \end{Bmatrix} = \frac{\partial x^\lambda}{\partial \bar{x}^\nu} \frac{\partial^2 \bar{x}^\nu}{\partial x^\sigma \partial x^\rho}$$

となることを示せ．

[4] 地球の重力半径を求めよ．ただし地球の質量は 5.974×10^{24} kg である．

さらに勉強するために

　本書を読破すれば，特殊相対性理論について基礎的なことは一応理解したことになると思う．ただ，相対性理論は日常経験では理解できない現象を扱うので，ひととおり読んだだけでは身につかない事項が多い．そこで大事なことは，記述の論理をじっくりと追っていくことである．最初からすべてを理解しなくてもよいから，むずかしいところは残しておいて，後から気分をかえて読みなおしてほしい．

　一般相対性理論については，紙数の関係で論理的記述をすることができず，概要を述べるにとどまった．一般相対性理論を本格的に勉強しようと考えている読者は，後に挙げる本で勉強していただきたい．

　この「物理入門コース」の他の巻は，物理系に限らず工学系に進まれる諸君にとっても，将来の勉強の基礎となる学問について述べている．ところが，特殊相対性理論は光速に近くなってはじめて顕著な効果があらわれてくる現象を扱っているので，原子核や素粒子関係以外の研究に進まれる諸君にとっては，直接役に立つことは少ない分野であろう．しかし，たとえ実用にならなくとも，20世紀の物理学の輝かしい成果の1つである相対性理論を身につけることは，理工系の学問を志すものの特権であると考える．また固定観念にとらわれない発想の重要性を学ぶことは，どの学問分野を志すものにとっても大事なことで

ある.

　相対性理論の本は多数出版されているが，アインシュタインの原論文は明解な論文であるので，機会があれば一読されたい．相対性理論だけではなく，アインシュタインの主要な論文を邦訳したものが出版されている．それは

　　[1]　湯川秀樹監修：『アインシュタイン選集 1, 2』，共立出版(1970, 71)

である．この第1巻には特殊相対性理論，量子論，ブラウン運動に関する論文が，第2巻には一般相対性理論および統一場理論に関する論文が集められている.

　古典として著名な教科書には

　　[2]　W. パウリ(内山龍雄訳)：『相対性理論』，講談社(1974)

がある．また現代の標準的教科書として

　　[3]　ランダウ，リフシッツ(恒藤敏彦，広重徹訳)：『場 の 古 典 論(原書第6
　　　　版)』(ランダウ=リフシッツ理論物理学教程)，東京図書(1978)

　　[4]　C. メラー(永田恒夫，伊藤大介訳)：『相対性理論』，みすず書房(1959)

の2つをあげておく．また一般相対性理論に的をしぼって詳述してある

　　[5]　内山龍雄：『一般相対性理論』(物理学選書 15)，裳華房(1978)

がある.

問題略解

第1章

[1]　$30° \div 50''29/\text{年} = 108000 \div 50.29 \text{年} = 2148 \text{年}$

[2]　$(\pi \sin \theta)/\theta = \pi \sin (\pi/2)/(\pi/2) = 2$

第2章

[1]　$\omega^2 a = (7.27 \times 10^{-5})^2 \times 6.38 \times 10^6 \text{ m/s}^2 = 3.37 \times 10^{-2} \text{ m/s}^2$

[2]　光行差の角度をラジアンに直すと

$$\Delta\theta = 20''496 = 20.496 \times \frac{3.1416}{180 \times 60 \times 60} \text{ ラジアン}$$
$$= 9.937 \times 10^{-5} \text{ ラジアン}$$
$$\tan \Delta\theta \doteqdot \Delta\theta = 0.9937 \times 10^{-4} = V/c$$
$$\therefore \quad V = 2.9979 \times 10^8 \times 0.9937 \times 10^{-4} \text{ m/s}$$
$$= 2.979 \times 10^4 \text{ m/s} = 29.79 \text{ km/s}$$

[3]　$2.979 \times 10^4 \times 365 \times 24 \times 60 \times 60 \div 3.1416 \div 2 \text{ m} = 1.50 \times 10^{11} \text{ m}$

[4]　公転運動の角加速度は

$$2\pi \text{ ラジアン}/365 \text{ 日} = 2\pi/3.1536 \times 10^7 \text{ ラジアン/s} = 1.99 \times 10^{-7} \text{ ラジアン/s}$$

となるから向心加速度は

$$(1.99 \times 10^{-7})^2 \times 1.50 \times 10^{11} \text{ m/s}^2 = 5.9 \times 10^{-3} \text{ m/s}^2$$

[5]　$1'' = 2\pi/360 \times 60 \times 60 \text{ ラジアン} = 4.848 \times 10^{-6} \text{ ラジアン}$

210　　　　　　　　　　　問 題 略 解

1 パーセク $= 1.496 \times 10^{11}$ m/tan $1'' = 1.496 \times 10^{11}/4.848 \times 10^{-6}$ m $= 3.086 \times 10^{16}$ m

1 光年 $= 2.9979 \times 10^{8} \times 365 \times 24 \times 60 \times 60$ m $= 0.9454 \times 10^{16}$ m

$\therefore$　1 パーセク $= \dfrac{3.086}{0.9454}$ 光年 $= 3.26$ 光年

[6]　第 2 法則をあらわす (2.4) で $\boldsymbol{F}=\boldsymbol{0}$ とおくと両辺を m で割って

$$\frac{d\boldsymbol{v}}{dt} = \frac{d^2\boldsymbol{r}}{dt^2} = 0$$

を得る．微分して $\boldsymbol{0}$ となるのは定ベクトルであるから

$$\boldsymbol{v} = \frac{d\boldsymbol{r}}{dt} = \boldsymbol{v}_0 = 定ベクトル$$

を得る．微分して定ベクトルとなるのは t についての 1 次関数であるから，$\boldsymbol{r}_0$ を定ベクトルとして $\boldsymbol{r} = \boldsymbol{v}_0 t + \boldsymbol{r}_0$ となる．これは 3 次元空間の点 $\boldsymbol{r}_0 = (x_0, y_0, z_0)$ を通る直線の方程式

$$x = v_{0x}t + x_0, \qquad y = v_{0y}t + y_0, \qquad z = v_{0z}t + z_0$$

を表わす．$\boldsymbol{v}_0 = \boldsymbol{0}$ のときには $\boldsymbol{r}_0$ に静止している．

[7]　ガリレイ変換 (2.14) を x について解くと $x = x' + V_x t$ となるから，$\boldsymbol{F}$ の式に代入して $\boldsymbol{F}'(x', y', z', t) = (k(x' + V_x t - x_0), 0, 0)$ を得る．

第 3 章

[1]　木星と地球を結ぶ直線が地球の公転軌道に接するとき．

[2]　地球と木星の相対速度の最大値は接線速度であるから

$$42.5 \times 60 \times 60 \times 3.0 \times 10^4 \text{ m} = 4.6 \times 10^9 \text{ m}$$

[3]　4.6×10^9 m $\div 15$ s $= 3.1 \times 10^8$ m/s

[4]　ブラッドレーの天頂を通過する星の観測値は $2\theta = 40''$ であるから，ラジアンに直すと

$$\theta = 20'' = 20 \times \frac{3.14}{180 \times 60 \times 60} \text{ ラジアン} = 0.97 \times 10^{-4} \text{ ラジアン}$$

となる．この値と $V = 3.0 \times 10^4$ m/s を (2.1) に代入すると

$$c = V/\tan\theta \approx \frac{V}{\theta} = 3.1 \times 10^8 \text{ m/s}$$

問　題　略　解　　　　211

第5章

[1]　略.

[2]　式(5.15)に(5.9)と(5.11)を代入すると

$$b(V)(x-Vt) = cb(V)t - \frac{(b(V))^2-1}{b(V)V}cx$$

$x=ct$ を代入して両辺に $b(V)V/t$ をかけると

$$b^2(V)V(c-V) = cb^2(V)V - (b^2(V)-1)c^2$$

$$\therefore \quad (c^2-V^2)b^2(V) = c^2 \qquad \therefore \quad b(V) = \pm 1/\sqrt{1-V^2/c^2}$$

$b(0)=1$ から

$$b(V) = 1/\sqrt{1-V^2/c^2}$$

[3]　ローレンツ変換を行なうと

$$x_2'-x_1' = \{x_2-x_1-V(t_2-t_1)\}/\sqrt{1-V^2/c^2}$$

$$y_2'-y_1' = y_2-y_1, \qquad z_2'-z_1' = z_2-z_1$$

$$t_2'-t_1' = \{t_2-t_1-V(x_2-x_1)/c^2\}/\sqrt{1-V^2/c^2}$$

を得るから

$$(y_2'-y_1')^2+(z_2'-z_1')^2 = (y_2-y_1)^2+(z_2-z_1)^2$$

および

$$(x_2'-x_1')^2-c^2(t_2'-t_1')^2$$

$$= \{(x_2-x_1)^2-2V(x_2-x_1)(t_2-t_1)+V^2(t_2-t_1)^2\}/(1-V^2/c^2)$$

$$\quad -c^2\{(t_2-t_1)^2-2V(x_2-x_1)(t_2-t_1)/c^2+V^2(x_2-x_1)^2/c^4\}/(1-V^2/c^2)$$

$$= \{(x_2-x_1)^2(1-V^2/c^2)-(t_2-t_1)^2(c^2-V^2)\}/(1-V^2/c^2)$$

$$= (x_2-x_1)^2-c^2(t_2-t_1)^2$$

[4]　固有時の定義(5.28)により

$$\tau_{ij} = \sqrt{c^2(t_j-t_i)^2-(x_j-x_i)^2}/c \qquad (j>i,\ i,j=1,2,3)$$

となるから

$$\{\tau_{13}^2-(\tau_{12}-\tau_{23})^2\}(\tau_{13}+\tau_{12}+\tau_{23})(\tau_{13}-\tau_{12}-\tau_{23})$$

$$= 4\{(t_2-t_1)(x_3-x_2)-(t_3-t_2)(x_2-x_1)\}^2/c^2 \geqq 0$$

という不等式を得る. 左辺の第1因子と第2因子は正である. それは3点の世界距離が
それぞれ時間的であることと不等式(5.30)から

$$c(t_j-t_i) > |x_j-x_i| \qquad (j>i,\ i,j=1,2,3)$$

を得，また $\tau_{ij} > 0$ $(i < j)$ であるので

$$\tau_{13}{}^2 - (\tau_{12} - \tau_{23})^2 = 2\{c^2(t_3 - t_2)(t_2 - t_1) - (x_3 - x_2)(x_2 - x_1) + \tau_{12}\tau_{23}\} > 0$$

となるからである．したがって第3因子から(5.31)が得られた．

[5] 公式(5.44)に $V = 0.8c$, $v' = 0.9c$ として代入して

$$v = \frac{1.7c}{1 + 0.72} = 0.988c$$

第6章

[1]
$$\cos(i\xi) = (e^{i(i\xi)} + e^{-i(i\xi)})/2 = (e^{-\xi} + e^{\xi})/2 = \cosh\xi$$
$$\sin(i\xi) = (e^{i(i\xi)} - e^{-i(i\xi)})/2i = (e^{-\xi} - e^{\xi})/2i = i\sinh\xi$$
$$\cosh^2\xi - \sinh^2\xi = ((e^\xi + e^{-\xi})^2 - (e^\xi - e^{-\xi})^2)/4 = 1$$

[2]
$$a^{0\prime}\boldsymbol{e}_0' + a^{1\prime}\boldsymbol{e}_1' = (\alpha_0^0 a^0 + \alpha_0^1 a^1)\boldsymbol{e}_0' + (\alpha_1^0 a^0 + \alpha_1^1 a^1)\boldsymbol{e}_1'$$
$$= a^0(\alpha_0^0\boldsymbol{e}_0' + \alpha_1^0\boldsymbol{e}_1') + a^1(\alpha_0^1\boldsymbol{e}_0' + \alpha_1^1\boldsymbol{e}_1')$$
$$= a^0\boldsymbol{e}_0 + a^1\boldsymbol{e}_1$$

[3] $AC = I$ の両辺に左から B をかけると(6.19)により

$$BAC = IC = C = B$$

[4] 関係式(6.8)は(6.19)と同値である．したがって前題により $AB = I$ が成立する．この式を成分であらわせばよい．

[5]
$$a_0'b^{0\prime} + a_1'b^{1\prime} = (\beta_0^0 a_0 + \beta_0^1 a_1)(\alpha_0^0 b^0 + \alpha_1^0 b^1) + (\beta_1^0 a_0 + \beta_1^1 a_1)(\alpha_0^1 b^0 + \alpha_1^1 b^1)$$
$$= (\beta_0^0\alpha_0^0 + \beta_1^0\alpha_0^1)a_0 b^0 + (\beta_0^1\alpha_1^0 + \beta_1^1\alpha_1^1)a_1 b^1 + (\beta_0^0\alpha_1^0 + \beta_1^0\alpha_1^1)a_0 b^1 + (\beta_0^1\alpha_0^0 + \beta_1^1\alpha_0^1)a_1 b^0$$
$$= a_0 b^0 + a_1 b^1 \quad ((6.19)による)$$

[6] $\eta^{\lambda\rho}\beta_\lambda^\mu\beta_\rho^\nu$ の β_ρ^ν に(6.59)の添字を適当にかえて代入し，(6.56), (6.57), (6.60)を使うと，第3式を得る．$\eta^{\lambda\rho}\alpha_\lambda^\mu\alpha_\rho^\nu$ の $\eta^{\lambda\rho}$ に上式の添字をかえて代入して(6.63), (6.57)を使うと第2式を得る．$\eta_{\lambda\rho}\beta_\lambda^\mu\beta_\rho^\nu$ の β_ρ^ν に(6.59)の添字をかえて代入して(6.56), (6.57), (6.63), (6.44)を使って第4式を得る．第1式は(6.50)で与えてある．

[7]
$$V^{\mu\prime}(x') = \eta^{\mu\nu}V_\nu'(x')$$
$$= \eta^{\mu\nu}\beta_\nu^\lambda V_\lambda(x) \quad ((6.73)から)$$
$$= \eta^{\mu\nu}\beta_\nu^\lambda\eta_{\lambda\rho}V^\rho(x) \quad ((6.74)と(6.56)から)$$
$$= \alpha_\rho^\mu V^\rho(x) \quad ((6.59)と(6.56)から)$$

[8] $t^{\mu\nu}{}_\lambda{}' = \alpha_\alpha^\mu\alpha_\beta^\nu\beta_\lambda^\gamma t^{\alpha\beta}{}_\gamma$ であるから

$$t^{\mu'} = t^{\mu\nu}{}_{\nu'} = \alpha^{\mu}_{\alpha}\alpha^{\nu}_{\beta}\beta^{\gamma}_{\nu}t^{\alpha\beta}{}_{\gamma} = \alpha^{\mu}_{\alpha}\delta^{\gamma}_{\beta}t^{\alpha\beta}{}_{\gamma} = \alpha^{\mu}_{\alpha}t^{\alpha\beta}{}_{\beta} = \alpha^{\mu}_{\alpha}t^{\alpha}$$

第 7 章

[1]　$p^2c^2 + m^2c^4 = \dfrac{m^2c^2v^2}{1-v^2/c^2} + m^2c^4 = \dfrac{m^2c^2(v^2+c^2-v^2)}{1-v^2/c^2} = \dfrac{m^2c^4}{1-v^2/c^2} = E^2$

[2]　陽子の質量は静止質量の $(400/0.938)$ 倍$=426$ 倍．また(7.23) と(7.20)から

$$\frac{v}{c} = \frac{cp}{E} = \frac{\sqrt{E^2-m^2c^4}}{E} = \left(1-\frac{m^2c^4}{E^2}\right)^{1/2} \cong 1-\frac{m^2c^4}{2E^2}$$
$$= 1-0.0000027 = 0.9999973$$

すなわち陽子の速さは光速の 99.99973% である．

[3]　運動エネルギーをそれぞれ K_1 と K_2 とすると

$$K_1 = E_1 - m_1c^2 = (M-m_1-m_2)(M-m_1+m_2)c^2/2M$$
$$K_2 = E_2 - m_2c^2 = (M-m_1-m_2)(M+m_1-m_2)c^2/2M$$

となる．$\Delta m = M-m_1-m_2$ とおくと $\Delta mc^2 = 4.777$ MeV であるから，その他の質量に質量数を入れて

$$K_1 = \frac{8}{452}\Delta mc^2 = 0.085 \text{ MeV}, \quad K_2 = \frac{444}{452}\Delta mc^2 = 4.692 \text{ MeV}$$

原子量で書くと $\Delta m = 0.00513$ となる．運動量を原子量であらわすと

$$p/c = \sqrt{452 \cdot 444 \cdot 8 \cdot 0.00513}\,/452 = 0.2008$$
$$v_1/c = cp/E_1 = 0.2008/222 = 0.000904$$
$$v_2/c = cp/E_2 = 0.2008/4 = 0.0502$$

[4]　関係式(7.37)から $E^L = (60^2-2\cdot0.938^2)/(2\cdot0.938) \cong 1918$ GeV．

第 8 章

[1]　まず $\mathrm{rot}\,(\mathrm{rot}\,\boldsymbol{E})$ の x 成分を計算すると

$$\begin{aligned}
(\mathrm{rot}\,(\mathrm{rot}\,\boldsymbol{E}))_x &= \frac{\partial(\mathrm{rot}\,\boldsymbol{E})_z}{\partial y} - \frac{\partial(\mathrm{rot}\,\boldsymbol{E})_y}{\partial z} \\
&= \frac{\partial}{\partial y}\left(\frac{\partial E_y}{\partial x} - \frac{\partial E_x}{\partial y}\right) - \frac{\partial}{\partial z}\left(\frac{\partial E_x}{\partial z} - \frac{\partial E_z}{\partial x}\right) \\
&= \frac{\partial}{\partial x}\left(\frac{\partial E_y}{\partial y} + \frac{\partial E_z}{\partial z}\right) - \left(\frac{\partial^2}{\partial y^2} + \frac{\partial^2}{\partial z^2}\right)E_x
\end{aligned}$$

$$= \frac{\partial}{\partial x}\left(\frac{\partial E_x}{\partial x}+\frac{\partial E_y}{\partial y}+\frac{\partial E_z}{\partial z}\right)-\left(\frac{\partial^2}{\partial x^2}+\frac{\partial^2}{\partial y^2}+\frac{\partial^2}{\partial z^2}\right)E_x$$

$$= \frac{\partial}{\partial x}(\operatorname{div}\boldsymbol{E})-\Delta E_x \quad ((8.5)\text{と}(8.14))$$

を得る．あとの2成分についても同様な式を得るから，ベクトルとしてまとめて(8.13)を得る．

[2] ダランベルシャンの定義(8.22)から $\Delta=\square+(1/c^2)\partial^2/\partial t^2$ となるから

$$\Delta\phi+(\partial/\partial t)\operatorname{div}\boldsymbol{A} = \square\phi+(1/c^2)\partial^2\phi/\partial t^2+(\partial/\partial t)\operatorname{div}\boldsymbol{A}$$

$$= \square\phi+(\partial/\partial t)(\operatorname{div}\boldsymbol{A}+(1/c^2)\partial\phi/\partial t) = -(1/\varepsilon_0)\rho$$

[3] $\underset{\substack{F_{\lambda\rho}\text{の}\\ \text{反対称性}}}{F^{\mu\nu}} = \underset{\substack{\text{添字}\lambda,\rho\text{の付替えと}\\ \text{積の順序の交換}}}{-\eta^{\mu\lambda}\eta^{\nu\rho}F_{\rho\lambda}} = -\eta^{\nu\lambda}\eta^{\mu\rho}F_{\lambda\rho} = -F^{\nu\mu}$

[4] 点 P から棒へ下した垂線の足から，棒の1点までの距離 l の電荷がつくる点 P における電場の強さの，棒に垂直な方向の成分の大きさは

$$dE = \frac{\rho A dl}{4\pi\varepsilon_0(l^2+r^2)}\frac{r}{\sqrt{l^2+r^2}}$$

となる．したがって P における電場の強さの大きさは

$$E = \frac{\rho A r}{4\pi\varepsilon_0}\int_{-\infty}^{\infty}\frac{dl}{(l^2+r^2)^{3/2}} = \frac{\rho A r}{4\pi\varepsilon_0}\frac{l}{r^2\sqrt{l^2+r^2}}\Big|_{-\infty}^{\infty} = \frac{\rho A}{2\pi\varepsilon_0 r}$$

[5] 系 S に静止している長さ L の電線内にある陽イオンの全電荷は $\rho_+ LA$ である．一方系 S' は電線の長さの方向へ，S に対して v の速さで移動しているから，長さ L の電線の長さはローレンツ収縮により

$$L' = L\sqrt{1-v^2/c^2} \tag{$*$}$$

となる．系 S' において長さ L' の電線内にある陽イオンの全電荷は $\rho_+' L'A$ である．電荷はローレンツ変換に対して不変な量であるから

$$\rho_+' L'A = \rho_+ LA$$

を得る．この式に($*$)を代入して

$$\rho_+' = \rho_+\frac{LA}{L'A} = \frac{\rho_+}{\sqrt{1-v^2/c^2}}$$

第9章

[1] 光が a km 進むに要する時間を t_a とすると $t_a=a/(3.0\times10^5)(\mathrm{s})=(1/3)\times10^{-5}a(\mathrm{s})$ であるから，落下距離は

$$\frac{1}{2}gt_a{}^2 = 0.5 \times 9.8 \times (1/3)^2 \times 10^{-10}a^2 \,(\mathrm{m}) = 0.54 \times 10^{-10}a^2 \,(\mathrm{m})$$

[2]
$$g^{\lambda\rho}g_{\rho\tau} = \eta^{\alpha\beta}\frac{\partial x^\lambda}{\partial \bar{x}^\alpha}\frac{\partial x^\rho}{\partial \bar{x}^\beta}\eta_{\mu\nu}\frac{\partial \bar{x}^\mu}{\partial x^\rho}\frac{\partial \bar{x}^\nu}{\partial x^\tau} = \eta^{\alpha\beta}\eta_{\mu\nu}\delta^\mu_\beta\frac{\partial x^\lambda}{\partial \bar{x}^\alpha}\frac{\partial \bar{x}^\nu}{\partial x^\tau}$$

$$= \delta^\alpha_\nu\frac{\partial x^\lambda}{\partial \bar{x}^\alpha}\frac{\partial \bar{x}^\nu}{\partial x^\tau} = \frac{\partial x^\lambda}{\partial \bar{x}^\alpha}\frac{\partial \bar{x}^\alpha}{\partial x^\tau} = \delta^\lambda_\tau$$

[3]
$$\begin{Bmatrix}\lambda\\\rho\sigma\end{Bmatrix} = \frac{1}{2}g^{\lambda\tau}\left(\frac{\partial g_{\tau\sigma}}{\partial x^\rho}+\frac{\partial g_{\tau\rho}}{\partial x^\sigma}-\frac{\partial g_{\rho\sigma}}{\partial x^\tau}\right)$$

$$= \frac{1}{2}\eta^{\alpha\beta}\frac{\partial x^\lambda}{\partial \bar{x}^\alpha}\frac{\partial x^\tau}{\partial \bar{x}^\beta}\eta_{\mu\nu}\left(\frac{\partial \bar{x}^\mu}{\partial x^\tau}\frac{\partial^2 \bar{x}^\nu}{\partial x^\sigma \partial x^\rho}+\frac{\partial^2 \bar{x}^\mu}{\partial x^\tau \partial x^\rho}\frac{\partial \bar{x}^\nu}{\partial x^\sigma}\right.$$

$$\left.+\frac{\partial \bar{x}^\mu}{\partial x^\tau}\frac{\partial^2 \bar{x}^\nu}{\partial x^\rho \partial x^\sigma}+\frac{\partial^2 \bar{x}^\mu}{\partial x^\tau \partial x^\sigma}\frac{\partial \bar{x}^\nu}{\partial x^\rho}-\frac{\partial \bar{x}^\mu}{\partial x^\rho}\frac{\partial^2 \bar{x}^\nu}{\partial x^\sigma \partial x^\tau}-\frac{\partial^2 \bar{x}^\mu}{\partial x^\rho \partial x^\tau}\frac{\partial \bar{x}^\nu}{\partial x^\sigma}\right)$$

$$= \eta^{\alpha\beta}\eta_{\mu\nu}\delta^\mu_\beta\frac{\partial x^\lambda}{\partial \bar{x}^\alpha}\frac{\partial^2 \bar{x}^\nu}{\partial x^\sigma \partial x^\rho} = \frac{\partial x^\lambda}{\partial \bar{x}^\nu}\frac{\partial^2 \bar{x}^\nu}{\partial x^\sigma \partial x^\rho}$$

[4]
$$\frac{2 \times 6.672 \times 10^{-11} \times 5.974 \times 10^{24}}{(2.9979 \times 10^8)^2}\,\mathrm{m} = 8.870 \times 10^{-3}\,\mathrm{m}\,(\approx 9\ \mathrm{mm})$$

索引

ア　行

アインシュタイン A. Einstein　16, 50, 123
　　——の重力定数　196
　　——の相対性原理　46, 51
一般相対性原理　178, 182
宇宙項　196
宇宙定数　196
宇宙の曲率　205
運動している光源　52
運動している時計　62, 75, 77, 81
運動している物体　78, 81
運動方程式
　　一般相対論における——　191
　　特殊相対論における——　130
　　ニュートンの——　25
エーテル　9, 33, 35
エネルギー・運動量関係式　134
エネルギー・運動量テンソル　195

カ　行

回転　150
角運動量　120

角運動量テンソル　120
角運動量ベクトル　121
核子　141
核分裂　143
核融合反応　144
過去錐　102
ガリレイ Galileo Galilei　19
　　——の相対性原理　30
ガリレイ変換　28
慣性　18
慣性系　18, 20, 51
慣性質量　178
基準系　14
基本単位ベクトル　109
基本テンソル　113, 120, 184
共変　131
共変テンソル(2階)　119
共変ベクトル　109, 116
共変ベクトル場　118
局所慣性系　180, 184, 187, 190
曲線座標　188
曲率テンソル　195
近日点　201
空間的　72, 73

空間ベクトル　105
クロネッカーの記号　115
計量　184, 193
結合エネルギー　142
原子時　13
原子質量単位　141
光円錐　71, 102
高階テンソル　121
光行差　22, 23, 86
光子　155
光錐　71, 102
光速　→光の速さ
光速不変の原理　51
光的　72, 73
勾配　152
光量子仮説　155
固有時間　73, 186
混合テンソル（2階）　119

サ　行

座標時間　73, 186
時間　13, 53
　　——の相対性　56
　　——の長さ　61
時間的　72, 73
時空　98, 185
時空座標　64
時空点　65
時空ベクトル　105
　　——の変換　107
4元位置ベクトル　105
4元運動量　132
4元運動量ベクトル　120
4元速度ベクトル　105
4元ベクトル　116
　　電磁場の——　160
4元力　130
事象の地平線　201
実験室系　145

質量欠損　141
質量中心系　145
質量とエネルギーの同等性　134
シュヴァルツシルト　K. Schwarzschild
　　197, 200
シュヴァルツシルト解　199
十二宮　3
自由落下　190
重力場　190
　　——の方程式　193, 195, 205
重力質量　178
重力半径　200
重力ポテンシャル　193
縮約　122
春分点　3
真空　8
真空中の電磁波　151
数学的空間　9
スカラー　117
スカラー場　117, 150
スカラー・ポテンシャル　157
静止エネルギー　134
静止質量　134
青方偏移　91
世界距離　70, 71
世界線　70, 101
　　往復運動の——　95
世界点　65
赤方偏移　90
線素　184
相対論的運動方程式　126, 130, 191
相対論的力学　131
測地線　191
速度の変換　85

タ　行

対称テンソル　120
縦ドップラー効果　90
ダランベルシャン　153

索　引

チェレンコフ放射　92
地動説　21
中性子　141
電磁波　153
電磁場　150, 152
　——の4元ベクトル　160
　——のポテンシャル　156
　——のローレンツ変換　166
　テンソル場としての——　161
テンソル　119
　(m, n)型の——　121
テンソル積　119
テンソル場　122
　——としての電磁場　161
天動説　6
等価原理　178, 179
同時性　56
動的宇宙解　205
特殊相対性原理　46, 50, 51
時計　13
　——の遅れ　62, 75, 77, 81
　——の同期化　53
　——のパラドクス　93
ドップラー効果　87

ナ　行

内積　117
長さの相対性　56
2階のテンソル　119
ニュートン I. Newton　18, 32
　——の運動の法則　18, 29
ニュートン力学　19, 53
　——の空間　24
　——の相対性　27
ニュートン力　132
年周視差　23

ハ　行

パーセク　23

発散　150
波動方程式　153
場の量　117
反対称テンソル　120
反変テンソル(2階)　119
反変ベクトル　107, 116
反変ベクトル場　118
光　32
　——のエネルギー　155
　——の運動量　155
　——の径路のまがり　201
　——のスペクトル線のずれ　201
　——の世界線　101
　——の電磁波説　34
　——の波動説　32, 33
　——の粒子説　32
光の速さ　36, 85
　真空中の——　51
　物質中の——　92
ビッグ・バン　205
非ユークリッド幾何学　10
フィゾー A. Fizeau　37
フーコー J. Foucault　21, 38
フーコー振り子　21
双子のパラドクス　93
物理的空間　6
負のエネルギー　136
ブラック・ホール　201, 205
平坦な空間　184
ベクトル　105
ベクトル場　150
ベクトル・ポテンシャル　157
変位電流　151
変換係数　98, 102
ホイヘンス C. Huygens　9, 33
　——の原理　33
崩壊　137
棒の長さ　58

220　　索　　引

マ　行

マイケルソン‐モーレーの実験　40
曲がった空間　12, 185
マクスウェル J. Maxwell　34
マクスウェル方程式　150
　——の4次元的定式化　160
ミューオン　95
未来錐　102
ミンコフスキーの3角不等式　74, 95
ミンコフスキーの4元力　171
ミンコフスキーの世界　71, 82, 98
　——のベクトル　111

ヤ　行

有効質量　145
ユークリッド空間　9
陽子　141

横ドップラー効果　91

ラ　行

ラプラシアン　152
リッチのテンソル　195
リーマン計量　184
粒子の衝突　144
粒子の崩壊　137
暦表時　13
レーマー O. Rømer　33, 36
連続の方程式　164
ローレンツ H. Lorentz　48
　——の電子論　35
ローレンツ収縮　45, 61, 80, 81
ローレンツ変換　46, 64, 68, 112
　——の逆変換　114
　——の行列表現　103

中野董夫

1926-2004 年. 東京生まれ. 1948 年大阪大学理学部物理学科卒業. 大阪市立大学教授, 大阪市立科学館初代館長を歴任. 理学博士. 専攻は素粒子論, 一般相対性理論.

著書に『岩波講座 現代物理学(第 2 版) 新粒子論』(共著), 『素粒子の本質』(共著, 岩波書店), 『相対性理論はむずかしくない』(共著, 講談社)など.

物理入門コース 新装版
相対性理論

1984 年 10 月 24 日	初　版第 1 刷発行
2015 年 10 月 5 日	初　版第 31 刷発行
2017 年 12 月 5 日	新装版第 1 刷発行
2025 年 3 月 5 日	新装版第 4 刷発行

著　者　中野董夫

発行者　坂本政謙

発行所　株式会社 岩波書店
　　　　〒101-8002 東京都千代田区一ツ橋 2-5-5
　　　　電話案内 03-5210-4000
　　　　https://www.iwanami.co.jp/

印刷・理想社　表紙・半七印刷　製本・牧製本

© 中野ルツ子 2017
ISBN 978-4-00-029869-8　　Printed in Japan

戸田盛和・中嶋貞雄 編
物理入門コース [新装版]
A5 判並製

理工系の学生が物理の基礎を学ぶための理想的なシリーズ．第一線の物理学者が本質を徹底的にかみくだいて説明．詳しい解答つきの例題・問題によって，理解が深まり，計算力が身につく．長年支持されてきた内容はそのまま，薄く，軽く，持ち歩きやすい造本に．

力 学	戸田盛和	258 頁	2640 円
解析力学	小出昭一郎	192 頁	2530 円
電磁気学 I　電場と磁場	長岡洋介	230 頁	2640 円
電磁気学 II　変動する電磁場	長岡洋介	148 頁	1980 円
量子力学 I　原子と量子	中嶋貞雄	228 頁	2970 円
量子力学 II　基本法則と応用	中嶋貞雄	240 頁	2970 円
熱・統計力学	戸田盛和	234 頁	2750 円
弾性体と流体	恒藤敏彦	264 頁	3410 円
相対性理論	中野董夫	234 頁	3190 円
物理のための数学	和達三樹	288 頁	2860 円

戸田盛和・中嶋貞雄 編
物理入門コース／演習 [新装版]
A5 判並製

例解 力学演習	戸田盛和／渡辺慎介	202 頁	3080 円
例解 電磁気学演習	長岡洋介／丹慶勝市	236 頁	3080 円
例解 量子力学演習	中嶋貞雄／吉岡大二郎	222 頁	3520 円
例解 熱・統計力学演習	戸田盛和／市村純	222 頁	3740 円
例解 物理数学演習	和達三樹	196 頁	3520 円

───── 岩波書店刊 ─────
定価は消費税 10% 込です
2025 年 3 月現在

戸田盛和・広田良吾・和達三樹 編
理工系の数学入門コース
A5判並製　　　　　　　　　　　　　　　［新装版］

学生・教員から長年支持されてきた教科書シリーズの新装版．理工系のどの分野に進む人にとっても必要な数学の基礎をていねいに解説．詳しい解答のついた例題・問題に取り組むことで，計算力・応用力が身につく．

微分積分	和達三樹	270頁	2970円
線形代数	戸田盛和 浅野功義	192頁	2860円
ベクトル解析	戸田盛和	252頁	2860円
常微分方程式	矢嶋信男	244頁	2970円
複素関数	表　実	180頁	2750円
フーリエ解析	大石進一	234頁	2860円
確率・統計	薩摩順吉	236頁	2750円
数値計算	川上一郎	218頁	3080円

戸田盛和・和達三樹 編
理工系の数学入門コース／演習［新装版］
A5判並製

微分積分演習	和達三樹 十河　清	292頁	3850円
線形代数演習	浅野功義 大関清太	180頁	3300円
ベクトル解析演習	戸田盛和 渡辺慎介	194頁	3080円
微分方程式演習	和達三樹 矢嶋　徹	238頁	3520円
複素関数演習	表　実 迫田誠治	210頁	3410円

――――――岩波書店刊――――――
定価は消費税10%込です
2025年3月現在

ファインマン，レイトン，サンズ 著
ファインマン物理学 [全5冊]
B5判並製

物理学の素晴らしさを伝えることを目的になされたカリフォルニア工科大学1，2年生向けの物理学入門講義．読者に対する話しかけがあり，リズムと流れがある大変個性的な教科書である．物理学徒必読の名著．

I	力学	坪井忠二 訳	396頁	定価 3740円
II	光・熱・波動	富山小太郎 訳	414頁	定価 4180円
III	電磁気学	宮島龍興 訳	330頁	定価 3740円
IV	電磁波と物性[増補版]	戸田盛和 訳	380頁	定価 4400円
V	量子力学	砂川重信 訳	510頁	定価 4730円

ファインマン，レイトン，サンズ 著／河辺哲次 訳
ファインマン物理学問題集 [全2冊] B5判並製

名著『ファインマン物理学』に完全準拠する初の問題集．ファインマン自身が講義した当時の演習問題を再現し，ほとんどの問題に解答を付した．学習者のために，標準的な問題に限って日本語版独自の「ヒントと略解」を加えた．

1 主として『ファインマン物理学』のI，II巻に対応して，力学，光・熱・波動を扱う． 200頁 定価2970円
2 主として『ファインマン物理学』のIII〜V巻に対応して，電磁気学，電磁波と物性，量子力学を扱う． 156頁 定価2530円

―――― 岩波書店刊 ――――
定価は消費税10%込です
2025年3月現在